多旋翼飞行器 DIY

入门与实践

张熙恒　张建强　编著

西安电子科技大学出版社

内 容 简 介

　　本书系统地介绍了多旋翼飞行器的定义与分类、多旋翼飞行器的主要部件和飞行理论、多旋翼飞行器 DIY 常用工具及机械装配知识、多旋翼飞行器的组装和调试以及与飞行相关的安全法规信息等。通过 DIY 实例组装的形式,让读者从实践的角度掌握多旋翼飞行器部件的选择、组装和调试全过程。

　　本书取材来源于实践,选材新颖,图文并茂,通俗易懂,具有很强的可操作性,既适合作为多旋翼飞行器爱好者的入门教材,也适合作为广大无人机行业的工程技术人员及相关专业学生的参考资料,对于希望全面了解多旋翼飞行器知识的其他读者,本书也是一本较好的科普读物。

图书在版编目(CIP)数据

多旋翼飞行器 DIY 入门与实践 / 张熙恒,张建强编著. —西安:西安电子科技大学出版社,2018.4
ISBN 978−7−5606−4885−9

Ⅰ. ① 多⋯　Ⅱ. ① 张⋯　② 张⋯　Ⅲ. ① 飞行器—组装　Ⅳ. ① V47

中国版本图书馆 CIP 数据核字(2018)第 030084 号

策　　划　戚文艳
责任编辑　杨　薇
出版发行　西安电子科技大学出版社(西安市太白南路 2 号)
电　　话　(029)88242885　88201467　　　邮　　编　710071
网　　址　www.xduph.com　　　　　　　　电子邮箱　xdupfxb001@163.com
经　　销　新华书店
印刷单位　陕西华沐印刷科技有限责任公司
版　　次　2018 年 4 月第 1 版　　2018 年 4 月第 1 次印刷
开　　本　787 毫米×1092 毫米　1/16　印　张　12
字　　数　280 千字
印　　数　1~3000 册
定　　价　27.00 元

ISBN 978−7−5606−4885−9 / V

XDUP 5187001−1
如有印装问题可调换

前　言

近年来，多旋翼飞行器的发展速度迅猛。由于多旋翼飞行器具有运行成本低、机动性能好、无人员伤亡风险、可进行超视距飞行、使用方便高效等特点，目前已被成功应用于影视航拍、测绘航测、电力线巡查、地质勘探、救灾救援、农药喷洒、商业表演等领域。因此，从校园内学生的科技竞赛到行业内专业人员的航拍、测绘等，随处可见多旋翼飞行器的身影。

每一名无人机飞行器爱好者都希望拥有一架自己动手组装(DIY)的多旋翼飞行器翱翔于蓝天，实现每个人自幼年就有的"飞行梦想"！DIY 是"Do It Yourself"的英文缩写，意为自己动手做。多旋翼飞行器 DIY 是指通过网络查找资料，购买材料，经过一番不懈努力，组装自己想要的多旋翼飞行器，最后试飞成功。

本书从 DIY 的角度，全面系统地介绍了多旋翼飞行器相关知识。全书共分七章，第 1章介绍了无人机的定义、分类以及多旋翼飞行器的现状、发展与应用等；第 2 章介绍了多旋翼飞行器的飞行原理和结构组成；第 3 章介绍了多旋翼飞行器 DIY 常用工具及机械装配知识；第 4 章介绍了多旋翼飞行器核心部件的功能及选择原则；第 5 章介绍了多旋翼飞行器从选择不同部件到将它们组装在一起的全过程，以及安装注意事项；第 6 章介绍了多旋翼飞行器的设置与调试；第 7 章介绍了多旋翼飞行器的基础飞行训练、模拟器的使用以及与飞行相关的安全法规信息。

本书紧扣多旋翼飞行器 DIY 各个环节，着重阐述多旋翼飞行器核心部件的功能、选择原则、组装等要点，全方位图解多旋翼飞行器 DIY 过程，给予读者直观、真实、生动的细节描述，激发读者对 DIY 属于自己的多旋翼飞行器的兴趣。

本书取材来源于实践，选材新颖，图文并茂，通俗易懂，具有很强的可操作性，既适合作为多旋翼飞行器爱好者的入门教材，也适合作为广大无人机行业工程技术人员及相关专业学生的参考资料，对于希望全面了解多旋翼飞行器知识的其他读者，本书也是一本较好的科普读物。

本书在编写过程中，参阅了许多同行专家的著作及部分网络资料，引用了一些产品使用说明书，特向其作者表示深切的谢意。

由于笔者学识有限，书中难免有疏漏之处，敬请广大读者批评指正。

编　者
2017 年 12 月

前　言

目　　录

第1章　多旋翼飞行器概述

本章从无人机的定义、分类以及多旋翼飞行器的现状、发展与应用等方面系统地向读者介绍多旋翼飞行器的基础知识，让读者了解无人机发展的历史，掌握相关概念，为后面的学习打下基础。

1.1　多旋翼飞行器基础知识

近年来，随着民用无人机产品的热销、各种相关技术的不断进步、开源飞行控制器的推动、专业人才的不断加入以及资本的投入等，多旋翼飞行器技术得到迅猛发展，无人机已经成为人们最喜爱的智能产品之一。本节将介绍无人机的定义、分类等概念，让读者了解不同类型多旋翼飞行器间的区别，以便更好地学习无人机的相关知识。

1.1.1　无人机的定义

无人驾驶飞机简称"无人机"，英文缩写为"UAV"(Unmanned Aerial Vehicle)，是利用无线电遥控设备和自备的程序控制装置操纵的不载人飞机，是飞行器的一种，因此有时也把无人机称为飞行器。图1-1所示为美国几种军用无人机。

美国"全球鹰"无人机

美国"捕食者"无人机

美国"影子200"无人机

美国"火力侦察兵"无人直升机

图1-1　美国军用无人机

无人机是高科技、新技术的集中载体,与载人飞机相比,它具有体积小、造价低、效费比高,无人员伤亡风险,生存能力强,机动性能好,使用方便、成本低,用途广泛等许多优点。它的研制成功和运用,揭开了以远距离攻击型智能化武器、信息化武器为主导的"非接触性战争"的新篇章,备受世界各国军队的青睐。它在现代战争中有极其重要的作用,在民用领域也有广阔的前景,例如用于航拍、农林植保、电力巡检等领域。

　　无人机技术是一项涉及多个技术领域的综合技术,它对通信、传感器、人工智能和发动机技术有比较高的要求。无人机与所需的控制、拖运、储存、发射、回收、信息接收处理装置统称为无人机系统。

1.1.2　无人机的分类

　　从技术角度定义,无人机可分为固定翼无人机、旋翼无人机、无人飞艇、伞翼无人机、扑翼无人机等几大类,如图 1-2 所示。目前,无人机的分类方式有很多种,除上述分类方法外,还可以按用途、大小、速度、活动半径、任务高度等方法进行分类。

图 1-2　几类无人机

1. 按用途分类

　　按用途分类,无人机可分为军用无人机和民用无人机。

　　军用无人机可分为侦察无人机、诱饵无人机、电子对抗无人机、通信中继无人机、无人战斗机以及靶机等。

　　民用无人机又分为监测巡视类、遥感绘制类、通信中继类等几大类。其中监测巡视类无人机主要用于灾害监测(火灾、水灾、地震等)、环境监测(交通、水利、地形地貌)、气象监测、电力线路和石油管路巡视等工作中;遥感绘制类无人机主要用于地质遥感遥测、矿藏勘测、地形测绘等工作中;通信中继类无人机包括通信中继类和通信组网类无人机。

2. 按大小分类

　　按大小分类,无人机可分为微型无人机、轻型无人机、小型无人机以及大型无人机。

此种分类依据为《民用无人驾驶航空器系统驾驶员管理暂行规定》。

(1) 微型无人机，是指空机质量小于等于 7 kg 的无人机。

(2) 轻型无人机，是指空机质量大于 7 kg，但小于等于 116 kg 的无人机，且全马力平飞中，校正空速小于 100 km/h(55 海里/h)，升限小于 3000 米。

(3) 小型无人机，是指空机质量小于等于 5700 kg 的无人机，微型和轻型无人机除外。

(4) 大型无人机，是指空机质量大于 5700 kg 的无人机。

3. 按速度分类

按速度分类，无人机可以分为低速、亚音速、跨音速、超音速和高超音速无人机。

低速无人机的飞行速度一般小于 0.3 Ma(马赫数，是飞行速度与当地大气中的音速之比)，亚音速无人机的飞行速度一般为 0.3～0.7 Ma，跨音速无人机的飞行速度一般为 0.7～1.2 Ma，超音速无人机的飞行速度一般为 1.2～5 Ma，高超音速无人机的飞行速度一般大于 5 Ma。

4. 按活动半径分类

按活动半径分类，无人机可分为超近程无人机、近程无人机、短程无人机、中程无人机和远程无人机。

超近程无人机活动半径在 15 km 以内，近程无人机活动半径在 15～50 km 之间，短程无人机活动半径在 50～200 km 之间，中程无人机活动半径在 200～800 km 之间，远程无人机活动半径大于 800 km。

5. 按任务高度分类

按任务高度分类，无人机可以分为超低空无人机、低空无人机、中空无人机、高空无人机和超高空无人机。

超低空无人机任务高度一般在 0～100 m 之间，低空无人机任务高度一般在 100～1000 m 之间，中空无人机任务高度一般在 1000～7000 m 之间，高空无人机任务高度一般在 7000～18000 m 之间，超高空无人机任务高度一般大于 18000 m。

1.1.3　多旋翼飞行器的类型

多旋翼飞行器的英文为 Multirotor Unmanned Aircraft，缩写为 MUA，也称为多轴飞行器，是一种没有搭载驾驶人员的旋翼飞行器，具有垂直起降、空中悬停、低空飞行和原地回转等独特飞行技能，在军用和民用市场上都大有用武之地。多旋翼飞行器是旋翼无人机的一种，通常有 3 个以上的旋翼。旋翼无人机是指通过在空气中旋转螺旋桨产生足够的升力，从而实现飞行的一类无人机。

旋翼无人机通常由发动机驱动的独立水平螺旋桨产生推进力升空和前进。正常飞行时旋翼机的旋翼被前进时的相对气流吹动而自旋，从而产生将机身维持在空中的升力。由于其外形像一个横放的风车，所以最初发明时也被称为风车飞机。这种航空器飞行时通常阻力比较大，速度较慢，但飞行安全性好，尺寸小，不会出现失速现象，出现空中发动机"停车"故障后可以自旋滑翔降落。这是旋翼航空器(包括直升机在内）独有的安全特性。

旋翼无人机可以分为两种主要的类型，一种是多旋翼飞行器，另一种是常规的直升机。

多旋翼飞行器可以根据电动机的数目作进一步划分，如四旋翼飞行器有 4 个电动机，而六旋翼飞行器则有 6 个电动机。下面将对每种类型加以详细介绍。

1. 常规直升机

图 1-3 所示直升机是一架典型的无线电遥控常规直升机。

图 1-3　典型的无线电遥控常规直升机

常规直升机是通过改变旋翼的桨距和桨盘的倾斜角来实现飞行控制的。桨距的改变是通过一个称为"倾斜盘"的复杂机械结构来实现的。多数的直升机通常拥有一副大的旋翼，这副旋翼将产生与旋转方向相反的扭矩。这就是需要一副尾桨来抵消偏航力矩的原因所在，尾桨的作用是保持直升机的正确航向。于是，这就造成了一定的效率损失，因为一部分能量完全用于保持直升机的航向，而不是用来产生升力。为了补偿这一损失，有些直升机的设计采用两副相反方向旋转的旋翼，通过反向旋转来抵消扭矩，同时将所有的能量用于产生升力。

由于常规直升机旋翼较大且较重，相对于其他类型的无人机而言，它要危险得多。由于直升机的复杂性，相对于多旋翼飞行器这样较为常见的无人机平台，常规直升机在坠机中也更容易损坏，这也是多旋翼飞行器得以流行起来的一个重要原因。

2. 三旋翼飞行器

典型的三旋翼飞行器如图 1-4 所示。

图 1-4　典型的三旋翼飞行器

三旋翼飞行器使用 3 个电动机，按照三角形的布局方式排列，一个在后面，两个在前面，如图 1-5 所示。

三旋翼飞行器的外伸臂杆通常间隔 120°，其优势就是在使用机载相机时，在如此宽的夹角里面可以避免外伸臂杆和螺旋桨进入相机的视野中。另一个好处就是三旋翼飞行器只采用 3 个电动机，这样制作的成本就可以低一点，但为了实现对三旋翼飞行器的完全控制，其尾部的电动机需要向两侧倾斜，使得三旋翼飞行器能够向左或向右飞行(偏航)。这也意味着相对于其他形式诸如四旋翼飞行器这样的无人机而言，三旋翼飞行器的偏航控制要快得多。但是，三旋翼飞行器制作起来要复杂一些，因为需要一个如图 1-6 所示的偏航机构来倾斜尾部的电动机，可以保证飞行特性更加稳定，这对于使用无人机进行空中航拍是非常有利的。

图 1-5　三旋翼飞行器外形的俯视图　　　　图 1-6　用于倾斜尾部电动机的偏航机构

3. 四旋翼飞行器

四旋翼飞行器是当下最流行的多旋翼飞行器，典型特征是具有 4 个电机，可按照"+"形或"X"形进行排列，如图 1-7 所示。

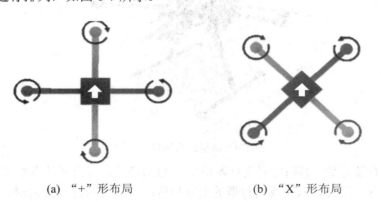

(a)　"+"形布局　　　　　　　　　(b)　"X"形布局

图 1-7　四旋翼飞行器的布局方式

在"+"形布局方式下，四旋翼飞行器的前部与一个电动机对齐。而当为"X"形布局方式时，四旋翼飞行器的前部在两个前置的电动机之间。后一种布局方式用处更大，更为流行，特别是采用前视机载相机时前面的外伸臂和螺旋桨可较少地出现在相机的视野中。

四旋翼飞行器的 4 个电动机中，2 个顺时针旋转，而其余 2 个则逆时针旋转。这是为了抵消电动机所产生的扭矩,并使得无人机能够保持正确的方向(这与常规的直升机上的尾桨有着相同的功能)。为了控制四旋翼飞行器,电动机的转速是变化的,例如,为了让无人机向前倾斜,前面两个电动机转速减小,而后面两个电动机转速增大。

四旋翼飞行器受欢迎的原因主要是易于制作且便于控制。制作四旋翼飞行器时,需要做的仅仅是制作一个"+"形的机架,并将 4 个电动机安装在外伸臂杆的末端,这里没有任何花哨的机械机构或者连接部件。图 1-8 所示为一架自制的四旋翼飞行器。

图 1-8　自制四旋翼飞行器

4. 六旋翼飞行器

六旋翼飞行器有 6 个外伸臂杆和 6 个电动机,图 1-9 为一架典型的六旋翼飞行器。

图 1-9　典型的六旋翼飞行器

六旋翼飞行器相比三(四)旋翼飞行器最明显的优势是具有较多的电动机,使得它能够搭载较重的设备,另外,六旋翼飞行器的电动机围绕中心分布得较为紧密,当一个电动机失效时,仍然可用剩下的电动机保持相对稳定,可以让无人机安全着陆。如果四旋翼飞行器或者三旋翼飞行器上有一个电动机失效了,无人机通常会坠毁,因为每一个电动机对于控制无人机的稳定飞行都非常关键。也正是因为这个原因,可以看到很多专业航拍用的无人机通常都是六旋翼或者八旋翼的构型,这是因为其负载能力更强,更多电动机使其具有预防失效的冗余能力。

六旋翼飞行器的 6 个电动机,可按照"+"形或"X"形进行排列,如图 1-10 所示。

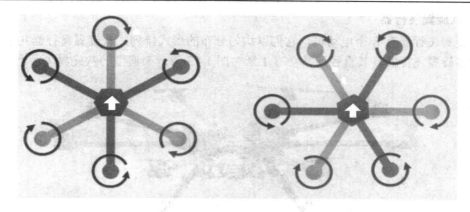

(a) "+" 形布局   (b) "X" 形布局

图 1-10 六旋翼飞行器的布局方式

在 "+" 形布局方式下, 六旋翼飞行器的前部与其前臂在一条线上, 而当为 "X" 形布局方式时, 六旋翼飞行器的前部在两个六之间。

六旋翼飞行器除了 "+" 形或 "X" 形构型以外, 还有一种 Y6 构型。Y6 构型是三旋翼飞行器和六旋翼飞行器的混合体。在 3 个外伸臂上有 6 个电动机, 看上去像三旋翼飞行器, 两个臂之间间隔 120°, 单独一个臂位于后面, 如图 1-11 所示。然而 Y6 旋翼机上总计有 6 个电动机, 因此仍把它认为是六旋翼飞行器。每个外伸臂上安装有两个电动机, 一个朝上, 一个朝下, 即同轴排列。通常每个电机按照相反的方向旋转。

Y6 构型相对于常规的六旋翼飞行器具有一些优点。由于只有 3 个臂, 组装起来稍微容易一些, 另外机架也相对要轻一些。这种构型的主要优点在于电动机有更多的冗余, 这是由于它们的每一个电机都作用在相同的推力轴线上。万一 Y6 构型的某个电动机失效了, 几乎很难被察觉到, 只是拉力下降了 1/6 而已。

Y6 构型有一个稍微不利的方面, 那就是效率上稍有损失(只损失大约 5%, 这是由于下面的电动机是在上面电动机下吹的紊乱气流中运行的)。然而, 这点效率的降低被更轻的机身质量所抵消(相对于六旋翼飞行器, 它只有 3 个臂, 质量更轻), 因此可以将这个损失忽略不计。有些 Y6 构型的旋翼飞行器上面的螺旋桨稍微比下面的要小一些。图 1-12 所示为一架 Y6 构型的六旋翼飞行器, 机身看上去像三旋翼飞行器, 但有 6 个电动机。

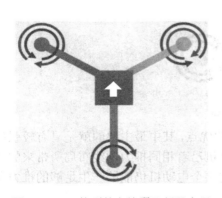

图 1-11 Y6 构型的六旋翼飞行器布局   图 1-12 Y6 构型的六旋翼飞行器

5. 八旋翼飞行器

八旋翼飞行器有 8 个电动机，它们以均匀分布的形式排列。八旋翼飞行器几乎是目前最大的多旋翼飞行器，其直径通常会有 1 米。图 1-13 为一架典型的八旋翼飞行器。

图 1-13 典型的八旋翼飞行器

如六旋翼飞行器一样，电动机数目的增加，可使八旋翼飞行器提供更大的载荷能力，且具有额外的电动机冗余能力。六旋翼飞行器通常可以容忍一个(或者对称的两个)电动机失效，而八旋翼飞行器则可以容忍更多的电动机失效，而不会"炸机"，但这取决于载荷的质量以及失效电动机的位置。

由于载荷能力强以及具有更好的电动机失效冗余能力，八旋翼飞行器通常用作专业的航拍无人机。

八旋翼飞行器还具有另外一种构型——X8 构型。X8 构型本质上就是四旋翼飞行器的机架上安装了 8 个电动机，是四旋翼飞行器和八旋翼飞行器结合的一种产物。X8 机架有 4 个外伸臂，每个臂上分别安装有两个电动机，一个向上，一个向下，如图 1-14 所示。

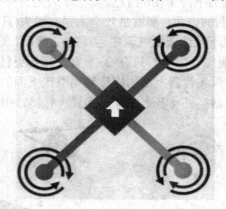

图 1-14 X8 构型布局

X8 构型多旋翼飞行器和八旋翼飞行器有着相同的优点，其中最主要的就是具有较强的载荷能力。和 Y6 构型一样，X8 构型也有因两个电动机沿着相同推力轴线布局所带来的优点，飞行中如果一个电机失效，它仍能保持稳定(假定 7 个电动机仍能够产生足够的推力在空中托举住飞行器)。

　　图 1-15 是一架重型 X8 构型八旋翼飞行器。8 个电动机分别驱动直径 38 厘米的螺旋桨，最大起飞质量可达 10 千克，可以携带专业级的拍摄设备。

图 1-15　X8 构型八旋翼飞行器

1.1.4　多旋翼飞行器的优缺点

1. 多旋翼飞行器的优点

　　多旋翼飞行器与固定机翼无人机、直升飞机相比具有以下优点：

　　(1) 操控简单。多旋翼飞行器不需要跑道便可以垂直起降，起飞后可在空中悬停。它的操控原理简单，通过遥控器遥杆操控可实现飞行器前后、左右、上下和偏航方向的运动。常见多旋翼飞行器，一般尺寸较小(直径大多在 1～2 米以内，某些能达到几米)，操控距离较近(一般几公里范围内)，飞行高度较低(几百到上千米)，负载较小(几公斤到几十公斤，多旋翼飞行器有效负载大多在 10 公斤以内)。在自动驾驶仪方面，多旋翼飞行控制器控制方法简单，控制器参数调节也很方便。而固定机翼无人机和直升飞机的飞行较复杂。固定机翼无人机飞行场地要求开阔，而直升飞机飞行过程中会产生通道间耦合，飞行控制器设计及控制器调节比较困难。

　　(2) 可靠性高。多旋翼飞行器没有活动部件，它的可靠性基本上取决于无刷电动机的可靠性，因此可靠性较高。而且多旋翼飞行器能够悬停，飞行范围受控，相对更安全。而固定机翼无人机和直升飞机有活动的机械连接部件，飞行过程中会产生磨损，导致可靠性下降。

　　(3) 部件更换容易。多旋翼飞行器结构简单，若电动机、电子调速器、电池、螺旋桨和机架损坏，很容易替换。而固定机翼无人机和直升飞机零件比较多，安装也需要技巧，相对比较麻烦。

2. 多旋翼飞行器的缺点

　　多旋翼飞行器与固定机翼无人机、直升飞机相比具有以下缺点。

　　(1) 续航能力差。目前多旋翼飞行器主要采用锂电池，续航能力有限。

　　(2) 承载质量小。目前多旋翼飞行器一般承载质量在数千克以内。

随着电池能量密度的不断提升、材料的轻型化和机载设备的不断小型化，多旋翼飞行器的优势将进一步凸显，应用范围将不断扩大。

1.1.5 多旋翼飞行器的现状与发展

1. 多旋翼飞行器早期研究发展

多旋翼飞行器作为无线电遥控的一种类型，历史尚浅。资料记载，最早的多旋翼应该是 1922 年美国制造的乔治·德·波扎特(George De Bothezat)直升机，它采用 X 形布局结构的多旋翼形式，如图 1-16 所示。这架直升机总计进行了大约 100 次的试飞，最大飞行高度达到 5 米。然而，这一设计并没有得到继续的使用，这主要是由于它的机械结构太复杂，且在悬停时飞行员的工作强度异乎寻常地大。

图 1-16　乔治·德·波扎特(George De Bothezat)直升机

由于最初的多旋翼的各个旋翼动作全部由人来控制，操作难度相对较高，因此，人们希望有自动控制器来控制飞行器的姿态。对于自动控制器，固定翼的自动控制器比较好做，而直升机和多旋翼的自动控制器比较难做。这是因为飞行器自动控制器通常需要惯性导航系统获取自身的姿态，而在 20 世纪 90 年代之前，惯性导航系统一般是十几千克的大铁疙瘩。为了把这么重的东西放到一个多旋翼飞行器上，飞行器的载荷必须很大。人们发现，不管是用油还是用电来驱动多旋翼飞行器的动力系统，都很难得到足够的载荷。同时，因为固定翼和直升机已经足够实际使用了，因此没有人愿意多花工夫去研究多旋翼飞行器这个棘手的问题。很长一段时间里，只有美国一些研发性的项目做出了多旋翼飞行器的样机。

2. 现阶段多旋翼飞行器的研究状况

20 世纪 90 年代之后，多旋翼飞行器的"大脑"——微控制器取得了极大的发展和进步，多旋翼飞行器的"感觉器官"——陀螺/加速度计/磁力计等也做得更加准确，且都向微机电(MEMS)方向发展，更加的小型化和稳定；另一方面，几克重的 MEMS 惯性导航系统被制作了出来，使得多旋翼飞行器的自动控制器得以实现。更重要的是，四轴姿态检测与计算的理论研究也取得较大的进步，很多简洁易用，适合计算机的姿态计算程序也被开发出来。

2005 年左右，真正稳定的多旋翼飞行器自动控制器被制作出来。之前一直被各种技术瓶颈限制的多旋翼飞行器系统突然出现在人们的视野中，大家惊奇地发现居然有这样一种小巧、稳定、可垂直起降、机械结构简单的飞行器存在。一时间研究者趋之若鹜，纷纷开始多旋翼飞行器的研发和使用，人们研究多旋翼飞行器的热情再一次被点燃。

随着多旋翼飞行器的动力能源采用电动，碳纤材料以及飞行控制理论等技术突飞猛进的发展，为多旋翼飞行器的发展带来了前所未有的契机，很多学术论文不断发表，飞行器的结构和性能也得到了极大的优化。与此同时，多旋翼飞行器向微小型和大型两个方面发展。

1) 微小型多旋翼飞行器

对于飞行器本身的研究而言，主要是飞行器控制方法改进以及特定控制方案实行，主要的研究方向有：惯导、视觉的方法控制等。在这方面做得最多的是美国的宾夕法尼亚大学、瑞士洛桑联邦理工学院等大学的研究人员。

OS4 微型四轴飞行器是瑞士洛桑联邦理工学院 2003 年开发的小型电动多旋翼飞行器，其研究的主要目的是机构设计和控制算法，同时要实现室内外完全自主飞行。该项目用多种算法实现了飞行器姿态控制。2006 年用惯导的方法在室内实现了自主悬停控制。

HMX4 是宾夕法尼亚大学的一个项目，其设计的四旋翼飞行器不仅实现了稳定的飞行控制，同时也进行了针对四旋翼飞行器的全方面应用研究，其研究重点已经向多机协作和自主飞行倾斜。

国内研究方面，国防科技大学在 2004 年即开始了对微型四轴飞行器的研究，并做了一系列的建模和实践；哈尔滨工业大学、南京航空航天大学、西北工业大学等高校也相继做了较多的实验和探索。

2) 大型多旋翼飞行器研究

小型多旋翼飞行器在取得了一定的研究成果的同时，大型多旋翼飞行器研发也取得了成功。德国的 E-vovo 公司研发一款多旋翼飞行器 VC200，如图 1-17 所示。主体采用碳纤维复合材料，具有 18 个电动机和旋翼，目前飞行器采用了 6 组电池供电，每组电池为 3 台电动机供电，这些电能完全可以维持 20 分钟左右的飞行。

图 1-17 VC200 多旋翼飞行器

军用方面，美国军方开发了一种大型的多旋翼飞行器，如图 1-18 所示，旋翼系统由 8个单独的旋翼构成，并由此产生飞行所需要的动力，最高飞行时速为 240 km/h。

图 1-18　黑骑士多旋翼飞行器

3) 多旋翼飞行器商业化应用

德国 Microdrones、美国 DragonFlyer、法国 AR.Drone、中国 DJI-Innovations 这几家公司在多旋翼飞行器商业化应用的过程当中取得了很大的成功。

MD4-200 是德国 Microdrones 公司研发的微型多旋翼飞行器，机体的大部分结构由碳纤制造，由于材料的选定使得多旋翼飞行器在重量和强度方面存在更优异的表现，同时使其具备了抗电磁干扰的能力。在电量不足和无线信息丢失的情况下，飞行器可以自主降落。因装备了多种高精度传感器和卓越的控制算法，使其操控变得非常的简单。MD4-200 在飞行的同时可以显示飞行状态和相关数据。

DragonFlyer 是 Dragonfly Innovation Inc.设计的一种采用碳纤维螺旋桨的多旋翼飞行器，由 4 个电动机驱动，自带平衡、定点悬浮功能。机体下方安装高性能处理器，可以在运行代码的同时接收传感器输出的信息并加以处理。DragonFlyer 带有开放式通讯应用接口，适应于科研机构或者大学的二次科研开发。

法国 Parrot 公司研发了一款多旋翼飞行器 AR.Drone，有 4 个独立旋翼，控制人员可以通过外置设备中的软件对其进行飞行控制操作。飞行器基于 WiFi 信号，因此操控的距离可以达到 50 米，并且装配了重力感应装置、陀螺仪、机械控制芯片等装置。智能飞行技术可以纠正环境误差，使得可以平稳地飞行。

Phantom 4 是中国 DJI 公司研发的一款多旋翼飞行器，采用立体视觉定位系统，在室内或 GPS 信号被楼宇遮挡的环境下具备精确的视觉悬停辅助功能，极大提高飞行安全和可靠性。Phantom 4 能指点飞行，只需点击屏幕，即可向选择的方向自主飞行，并自动绕开障碍。先进的图像识别技术让 Phantom 4 能识别和追踪相机画面中的拍摄对象，并将其锁定在画面中央。轻推摇杆就能实现环绕，或者拖动跟随对象重新构图，航拍更加灵活便捷。

这几款多旋翼飞行器自上市以来，被广泛用于航空摄影、监视、消防救灾等众多领域。

3. 未来多旋翼飞行器发展趋势

目前多旋翼飞行器在设计、研发、试验各个方面都取得了很大的进展，并且得到了广泛的应用。但多数飞行器的飞行控制设计只设定在特定环境下，离真正的多功能多旋翼飞行器还是存在一定差距。必须提高其各方面的技术能力，才能发挥最佳效果。

未来多旋翼飞行器的发展趋势是智能化，并向高空、高速、长航程、高载荷、能源多样化等方向发展。

1) 高速旋翼飞行器

速度一直是衡量飞行器性能的指标，但也是旋翼式飞行器的固有弱点。通过各种旋翼技术提高旋翼式飞行器航速，是未来高速旋翼飞行器的发展方向之一。

2) 大型旋翼飞行器

目前旋翼飞行器多是中小型飞行器，承载小，而很多任务需要载荷更大、滞空时间更长、航程更远的飞行器来完成。长航时、高航程飞行器可在侦察、通信中继、边境巡逻等军民用任务方面发挥更大的作用。很多国家都开始了大型无人直升飞机的研究和开发，并有了一定的进展。而随着飞行控制算法的改进，无线通信技术的发展以及动力系统的提升，可以飞行数十小时、上千千米，搭载大重量载荷的旋翼飞行器将会逐渐出现。

3) 微型旋翼飞行器

微型旋翼飞行器通常指基准尺寸(长度和翼展)小于 15cm 的飞行器，这种飞行器很难用雷达或红外传感器探测到，而且飞行噪声小。微型飞行器在携带、执行情报、监视、侦察和电子战等任务方面拥有极大的优势，而且机型的缩小也带来了机动能力和战场生存能力的提高。随着纳米技术、微型传感器技术、微电波技术的发展，微型飞行器将会越来越小。

4) 多用途高智能化旋翼飞行器

目前的旋翼式飞行器缺少应对突发情况的能力，只能执行预定的任务和接受地面站的控制，功能单一，智能化程度低。因此，随着电子技术、信息技术、控制技术的飞速发展，旋翼飞行器需要能根据飞行控制算法自主判断当前状态，快速进行危机决断，选择飞行动作。目前的飞行器多是单架执行单一任务，很难满足日益增长的任务需要，所以，旋翼飞行器还需要可以搭载功能更多更全的电子设备，实现旋翼飞行器的多用途化以及多机集群的任务协作。在未来信息化社会的大背景下，高智能化的旋翼飞行器将逐步走入人的生活。

随着关键技术的发展，以及在军事和民用的应用前景，多旋翼飞行器会逐步向高效、多功能化方向发展。并且多旋翼飞行器的研究涉及多个领域的理论与技术，所以它的研究在解决自身问题的同时，也推动了其他领域关键技术的发展，提供了试验方法，丰富了理论依据，同时也为未来进一步研究多旋翼飞行器打下坚实的基础。

1.2 多旋翼飞行器的应用

多旋翼飞行器的应用非常广泛，可以用于军事，也可以用于民用和科学研究。在民用领域，多旋翼飞行器已经和即将使用的领域多达 40 多个，例如影视航拍、农业植保、海上监视与救援、环境保护、电力巡线、渔业监管、消防、城市规划与管理、气象探测、交通监管、地图测绘、国土监察等。下面介绍其在民用领域的应用。

1.2.1　多旋翼飞行器应用于航空拍摄、航空测绘

多旋翼飞行器航拍/航摄系统是一种高度智能化、稳定可靠、作业能力强的低空遥感系统。系统是以多旋翼飞行器为飞行平台,利用高分辨率相机系统获取遥感影像,利用空中和地面控制系统实现自动拍摄、获取影像、航迹规划和监控、信息数据压缩以及自动传输、影像预处理等功能。

多旋翼飞行器应用最简单的方面可能就是航空拍摄工作。固定翼飞行器和多旋翼飞行器平台都适合于航空拍摄方面的应用。如果需要对较大的区域进行航空拍摄,固定翼飞行器是最好的选择,因为它飞行的航程更远,速度也更快。然而,如果只需要对一小块区域进行航空拍摄,由于多旋翼飞行器通常低空飞行,空域申请便利,受气候条件影响较小,对起降场地的要求简单,升空准备时间短、操作简单、运输便利,因此它是较好的选择。图 1-19 所示为多旋翼飞行器在夜间进行城市拍摄。

图 1-19　多旋翼飞行器在夜间进行城市拍摄

多旋翼飞行器也可应用于航空测绘,在这方面,多旋翼飞行器被用于获取勘测所需的高分辨率地图,快速获取地表数据和建立数据模型。多旋翼飞行器系统携带的三维激光扫描仪、数码相机、数字彩色航摄相机等设备可快速获取地表信息,获取超高分辨率数字影像和高精度定位数据,生成数字高程模型、正射影像图、三维景观模型、三维地表模型等二维、三维可视化数据,便于进行各类环境下应用系统的开发和应用。

数字高程模型通过在多张照片间匹配相应的点,进行一些几何运算,从而建立物体的三维模型。这对于建筑和采矿方面的应用是非常有价值的,使用多旋翼飞行器飞越给定的区域,再通过拍摄的图片,即可构建指定区域的三维模型。这样的三维数据可被用来做进一步的分析,例如测算矿区内的地表变化情况等。

正射影像是一种航空地图,它是通过专业的软件将多幅航拍的图片拼接而成的。一幅正射影像可形成高清晰度的图片或地图,在几何上可进行一定的修正,使其比例均匀。这些图片通常用空间分辨率加以定义,即图上的一个像素对应真实地面的面积。虽然这样的地图也可以通过卫星图片或者有人驾驶飞机进行航拍来获取,但它们通常是用于勘测非常

大的区域，而且分辨率通常只能够达到米的量级，即一个像素仅代表真实地面上 1 m² 的面积。相比之下，多旋翼飞行器由于飞行的高度要低得多，获得的正射影像可以形成更好的图像，分辨率可达到厘米量级甚至更高。图 1-20 是一张高清晰度的农场航空摄影地图的正射影像照片，是由多旋翼飞行器拍摄的 644 张照片拼接而成的。这些照片由 DroneMapper 软件进行后处理。图片中每个像素大致对应实际地面 4 cm² 的面积。

图 1-20　农场航空摄影地图的正射影像照片

1.2.2　多旋翼飞行器应用于林业

(1) 防止森林火灾。多旋翼飞行器可以全天候地在空中对林区进行勘查，及时发现火情、报告火场位置、采取行动将火灾消灭在初期；对于可疑点或区域，通过遥控指令可改变多旋翼飞行器飞行航迹及飞行高度进行详查，详查图像通过无线链路实时传回地面；对已出现火情的地区进行空中火情态势观察，使灭火指挥部门迅速有效地组织、部署灭火队伍，提高灭火作战效率，防止救火人员的伤亡。图 1-21 为使用多旋翼飞行器拍摄的森林火灾状况。

图 1-21　多旋翼飞行器拍摄森林火灾状况

(2) 森林病虫害检测及防治。近年来，因气候及人为因素造成林业有害生物发生频率增多、发生程度增强、发生面积增加，危险性林业有害生物种类增多的情况，较之以往人工喷洒农药的方式，通过多旋翼飞行器喷洒药物、监测能有效地提升林业有害生物监测预警、检疫御灾、防治减灾水平，有效预防和控制林业有害生物灾害的严重发生。

（3）普查植物群落。在一些大型种植园中，比如以提取棕榈油为目的种植园，常常需要统计树木总量。传统统计方法需要在地面上进行，工作时间长，而且单调乏味。而航拍照片里的树木彼此之间分界清晰，统计比较容易，所以，多旋翼飞行器的此类应用前途无量。

1.2.3　多旋翼飞行器应用于农业

（1）农田信息监测。多旋翼飞行器系统可通过对大面积的农田、土地进行航拍，从航拍的图片、摄像资料中充分、全面地了解农作物的生长周期，选择农作物成熟最佳收获期，对农田信息做到有效全面监测，促进科技成果在农村的转化，加速发展现代农业和农村工业化进程，推动中国特色新农村建设。图 1-22 为使用多旋翼飞行器进行成熟庄稼测量。

图 1-22　成熟庄稼测量

（2）农药喷洒。病虫害对粮食作物产量影响巨大。喷洒农药是目前病虫害防治的重要措施之一，也是田间工作最累、最危险的一种。全国每年因使用农药中毒的人数高达数万人。利用多旋翼飞行器进行农药喷洒有许多优点，例如：人体基本无须直接接触农药，这就减少了农药对人的化学伤害，由于是空中喷洒，也减少了对粮食作物的机械损伤；喷洒农药时，多旋翼飞行器进行的是超低空飞行，这就回避了严格的空中管制；可适用于多种地理条件，一般农用多旋翼飞行器(直升机)的起飞、降落最小只需要 $2 \sim 3 \ m^2$ 的面积，在一般的田间都能完成起降；多旋翼飞行器采用 GPS 定位和自主飞行控制，随着技术的成熟，准确性日益提高，从而保证了喷洒作业的精度和安全性；利用多旋翼飞行器进行农药喷洒，其效率明显高于其他作业形式。

2010 年，中国农业大学与吉林省某推广基地进行合作，首次使用多旋翼飞行器服务于我国农业大面积生产，增产效果非常显著，得到了当地政府和农户的认可和支持。图 1-23 为使用多旋翼飞行器进行农药喷洒。

图 1-23　农药喷洒

　　(3) 农业保险勘查。当遇到大范围或大面积自然灾害时，农作物查勘定损工作量极大，其中最难以准确界定的就是损失面积问题。面对此种状况，多旋翼飞行器具有的机动快速的响应能力、高分辨率图像和高精度定位数据获取能力、多种任务设备的应用拓展能力、便利的系统维护等技术特点可以高效地处理这种工作量极大的任务。通过航拍查勘获取的航拍成果数据、对航拍图片的后期处理与技术分析，农业保险公司可以更为准确地测定实际受灾面积，进行农业保险灾害损失勘察，不仅提高了勘察效率，也大大降低了人为因素导致的定损结果的误差。

1.2.4　多旋翼飞行器应用于水利系统

　　洪涝灾害、干旱缺水、水环境污染三大水问题已经严重制约着国民经济和社会发展。水利行业装备多旋翼飞行器三维激光遥感扫描系统可用于水利资源调查，水域覆盖面积调查，水利巡查成图，洪涝灾害、干旱缺水、水库蓄水水位监测，上下游河流的水文情况监测，水利资源工程动态监测，非法排污、水面清洁监测，重要水利设备设施安全监测，水库坝区的周边环境监测等，为流域水土保持、水调度指挥、水质评价、生态环境监测、防洪监测等决策方案提供依据。图 1-24 为使用多旋翼飞行器进行洪涝灾害航拍监测。

图 1-24　使用多旋翼飞行器进行洪涝灾害航拍监测

1.2.5　多旋翼飞行器应用于电力巡检

电力线路巡视是电力系统重要的日常维护工作之一。随着电力系统对稳定性和可靠性的要求越来越高，常用的人工巡视已经不能满足目前的工作需要。在人工巡视工作中，工人劳动强度大，效率低；而且巡视结果很大程度上依赖于工人的主观感受，很有可能误判漏判，也难以复查；另外，部分地区因巡视人员无法靠近，根本无法开展巡视工作。为克服上述困难，欧美等国在 20 世纪 50 年代开始尝试利用直升机进行巡线、带电作业和线路施工等工作。随着多旋翼飞行器技术的发展，其在重量、体积、机动性、费用、安全性等方面的优势都比通用直升机更明显，因此，利用多旋翼飞行器进行巡线，逐步成为电力行业的研究热点。

电力线路巡视主要分为正常巡视、故障巡视和特殊巡视三类。

正常巡视主要是对线路本体(包括杆塔、接地装置、绝缘子、线缆等)、附属设施(包括防雷、防鸟、防冰、防雾装置，各类监测装置，标识警示设施等)以及通道环境的周期性检查。故障巡视是在线路发生故障后进行检查，巡视范围可能是故障区域，也可能是完整输电线路。特殊巡视是在气候剧烈变化、自然灾害、外力影响、异常运行以及对电网安全稳定运行有特殊要求时进行检查。在具备多旋翼飞行器巡视条件时，正常巡视一般可以采用多旋翼飞行器等空中巡视方式，部分从空中无法观察的设备(如杆塔基础、接地装置等)需采用人工巡视方式。

故障巡视时，视故障类型和紧急程度，可采用多旋翼飞行器等空中巡视方式，或者采用多旋翼飞行器辅助的人工巡视方式。

特殊巡视时，在因气候剧烈变化、自然灾害、外力影响等原因造成人员无法进入巡视区域的情况下，可优先采用多旋翼飞行器等空中巡视方式，其他情况同正常巡视。

多旋翼飞行器实现了电子化、信息化、智能化巡检，提高了电力线路巡检的工作效率、应急抢险水平和供电可靠率。而在山洪暴发、地震灾害等紧急情况下，多旋翼飞行器可对线路的潜在危险，诸如塔基陷落等问题进行勘测与紧急排查，丝毫不受路面状况影响，既免去攀爬杆塔之苦，又能勘测到人眼的视觉死角，对于迅速恢复供电很有帮助。图 1-25 为使用多旋翼飞行器进行电力巡检。

图 1-25　使用多旋翼飞行器进行电力巡检

1.2.6　多旋翼飞行器应用于野生动物保护

多旋翼飞行器在野生动物监测领域发挥出了最大的优势，无论是昼间、夜间，高山、峭壁，无人机轻松翻山越岭，高速度飞行高密度拍摄，且不惊扰野生动物，除了可以从空中俯视地面或山崖的各个角度的画面外，还可以机载红外热成像摄像仪进行监测，将动物体温热点显示在地面站的数字地图上，特别适用于观测原始森林内的野生动物如大熊猫、熊、虎等。图 1-26 为使用多旋翼飞行器进行野生动物监测。

图 1-26　使用多旋翼飞行器进行野生动物监测

多旋翼飞行器拍摄监控同样可以在野生动物资源保护领域大显身手。我国保护区动物受到威胁的方式主要有盗伐、挖药、放牧、盗猎、开矿，新出现的干扰类型也有剥树皮、旅游、垃圾、探测油气等。多旋翼飞行器在取证调查、预警震慑、协同跟踪等方面都能收到很好的效果。

1.2.7　多旋翼飞行器应用于国土资源系统

全国土地资源信息是制定国民经济发展规划和宏观决策的重要依据，也是国家可持续发展的需要。利用多旋翼飞行器开展国土资源调查与土地利用监测，可及时地反映各种国土资源的具体情况，增强资源开发、环境保护与灾害防治的预见性。

(1) 城镇规划调查。多旋翼飞行器携带数码相机在城市上空飞翔，为城市开发的规划信息系统提供依据。广泛应用建筑密度分布规律研究、在建工地调查、中心城市简房漏棚调查、施工占路情况、露天停车场调查、垃圾堆场的空间分布、污水治理和改造工程的补充论证、为建厂规划或改造提供影像资料等。图 1-27 为使用多旋翼飞行器进行城镇规划调查。

(2) 地籍测量工作。例如，在 2010 年黑龙江省农村地籍调查工作中，就利用多旋翼飞行器获取了大比例尺航空影像，这些影像被用作底图，使调查工作高效顺利完成。由于黑龙江省村级行政单位分布广、每个村的成图面积小，采用传统航空摄影方法成本过高，采用地面测量的方式周期又过长。针对此状况，黑龙江省国土管理部门选 10 个村作为试点，采用多旋翼飞行器航摄系统进行大比例尺航空摄影。机组仅用了两天时间，累计飞行 5 个架次，获取了分布在 40 km² 范围内的 10 个村级行政单位的 0.05 m 分辨率影像 1536 张，且影像图的精度满足使用要求。

图 1-27　使用多旋翼飞行器进行城镇规划调查

(3) 全国土地利用变更调查监测与核查工作。每年开展的全国土地变更调查监测与核查项目，要求遥感数据数量大、时效性强，采用卫星遥感数据往往难以满足需求。例如，在一些重点地区，要求在 1 到 2 个月的时间内采用高分辨率的遥感数据进行监测。但由于天气等因素的制约，高分辨率遥感卫星很难在这么短的时间内及时获取全部的遥感数据。采用多旋翼飞行器航拍系统配合高分卫星(一种高分辨率对地观测卫星)，在高分卫星未获取到合格数据的地区，启动多旋翼飞行器系统进行作业，帮助获取这些地区的高分遥感数据，提高数据的有效性。

另外，由于一些山区地形较复杂、天气情况较差，接收卫星遥感数据非常困难，使得部分地区常常因为接收不到合格的遥感数据而影响工作进行。在卫星数据暂时还无法满足要求的情况下，采用多旋翼飞行器航拍将是及时获取这些地区遥感数据的一项有效的技术手段。

(4) 地质勘查。多旋翼飞行器系统搭载三维激光扫描仪、探地雷达、合成孔径雷达后可用于探矿，埋藏物体定位，路基检测，深层基岩剖面、断裂带、沉积研究，河及湖底形态、土壤和聚集物成像，地下水研究，地下管线测量等。多旋翼飞行器还可以观测矿产资源开发引发的灾害，包括地面沉陷范围、地裂缝长度、塌陷坑位置、山体陷裂(垮塌)范围、崩塌位置、滑坡位置、泥石流位置、河道淤塞长度(位置)及煤田(煤矸石)自燃范围等。探测矿山生态环境信息包括破坏土地范围、受损植被范围、粉尘污染范围、水体污染范围、荒漠化范围、土地复垦范围及矿山环境治理效果。无人机低空遥感配合地面管理软件亦可为矿产资源开发整体状况提供决策支持。

(5) 考古调查。通过多旋翼飞行器搭载高清晰的成像设备，在空中对地面进行不同角度的摄影、不同时间的拍摄，根据各种地质、地貌、植被、霜雪所显示出来的信息，推测出地面或地下遗址的特性。例如，2012 年遵义海龙囤运用多旋翼飞行器实施航拍，获取建立三维立体图所需的影像，为海龙囤下一步深入研究与保护提供科学的依据。图 1-28 为多旋翼飞行器航拍的遵义海龙囤遗址"新王宫"鸟瞰图。

图 1-28　多旋翼飞行器航拍的遵义海龙囤遗址鸟瞰图

除此以外，还可应用在铁路建设、城市的变迁、发展趋势及改造。同时还可用于城市现状调查，如土地利用现状更新、监测和巡查、土地类型划分、土地执法地籍、交通、旅游资源调查，绘制城市绿化分布图、烟尘污染分布图、水污染分布图，以及城市环境调查，如三废污染、地质灾害、城市公共安全监测方面。

1.2.8　多旋翼飞行器应用于影视剧拍摄

多旋翼飞行器搭载高清摄像机，在无线遥控的情况下，可根据节目拍摄需求，在遥控操纵下从空中进行拍摄。多旋翼飞行器实现了高清实时传输，其距离可长达 5 公里，而标清传输距离则长达 10 公里；多旋翼飞行器灵活机动，低至一米，高至二三千米，可实现追车、升起、拉低和左右旋转，甚至贴着马肚子拍摄等，极大地降低了拍摄成本。图 1-29 为使用多旋翼飞行器进行影视剧拍摄。

图 1-29　使用多旋翼飞行器进行影视剧拍摄

1.2.9　多旋翼飞行器应用于快递业

自从亚马逊公司宣布它们将使用无人机运送小件包裹之后，采用无人机运送包裹的可能性越来越受到各大媒体的关注。据悉，美国的亚马逊，中国的顺丰、京东都在测试这项业务，而美国达美乐披萨店，已在英国成功地空运了首个披萨外卖。图 1-30 为使用多旋翼飞行器运送包裹。

图 1-30　使用多旋翼飞行器运送包裹

多旋翼飞行器可实现鞋盒包装以下大小货物的配送，只需将收件人的 GPS 地址录入系统，多旋翼飞行器即可起飞前往。虽然实现这个功能所需的大部分技术是现成的，但要真正进入实用阶段还有很多问题需要解决。目前的电池技术还不能使得多数的多旋翼飞行器进行长距离的飞行，这就限制了运送包裹这一任务的实用性。这其中还有一些安全性方面的问题，例如多旋翼飞行器可能要在到处是建筑物的区域飞行，那里人口密集，有可能会坠落而砸伤地面人员，更不用说还有空中交通管制的问题。另外，所有的多旋翼飞行器系统都过度依赖于 GPS 技术，这也是一个很大的问题，假如 GPS 信号丢失或被阻断，所有的多旋翼飞行器都会进入盲飞的状态，因为它们无法估算自己的位置。

毫无疑问，使用多旋翼飞行器运送快递的真正好处是改善偏远地区的快递服务工作。一些公司，包括谷歌公司、京东商城在内，正在使用多旋翼飞行器运送一些重要的物品，例如将药品运送到偏远且地面交通工具难以到达的地方。

1.2.10　多旋翼飞行器应用于灾后救援

从古至今，一些地质灾害常常无法避免，灾后的抢险搜救工作直接关系到人们的生命与财产安全。多旋翼飞行器可在险情发生时克服交通中断等不利因素，快速赶到出险区域，利用航摄系统，获取实时险情影像，监视险情发展。2008 年的汶川地震和 2010 年的青海玉树地震中，就采用多旋翼飞行器航摄系统，成功获取了灾区影像，在第一时间为指挥决策提供参考，最大限度地规避了风险。

在灾后救援中，使用多旋翼飞行器系统不仅时效性高，而且成本较低。由于空难、海难、城市灾害等救援和灾情监测对时间的要求都十分紧迫，因此，多旋翼飞行器系统成为首选的快速响应手段。图 1-31 为消防人员使用多旋翼飞行器进行灾情监测。

图 1-31　消防人员使用多旋翼飞行器进行灾情监测

第 2 章　　多旋翼飞行器的飞行原理和组成

本章将介绍多旋翼飞行器的飞行原理和组成。以四旋翼飞行器为例，向读者介绍四旋翼飞行器的结构形式和飞行原理，让读者了解多旋翼飞行器的基本组成，为后续指导读者首次安装四旋翼飞行器做好准备。

2.1　多旋翼飞行器的飞行原理

多旋翼飞行器是通过调节多个电动机转速来改变螺旋桨转速，实现升力的变化，进而达到控制飞行姿态的目的。下面以四旋翼飞行器为例，介绍多旋翼飞行器的飞行原理。

2.1.1　多旋翼飞行器坐标系

为了描述多旋翼飞行器在空中的飞行运动，需要建立坐标系。坐标系选取是否合理将会影响飞行器运动参数的定义和描述，也会进一步影响到飞行器导航和控制过程的实现。

四旋翼飞行器的运动包含了三个轴向的线运动和绕三个轴向的角运动。因此，为了描述无人机在空间范围内的位置、姿态、速度等信息量，必须选择合理的坐标系，且数量不少于两个。这里建立两个坐标系，分别为地理坐标系和机体坐标系。

1. 地理坐标系

地理坐标系 E 用于研究多旋翼飞行器相对于地面的运动状态，确定机体的空间位置坐标，如图 2-1 所示。

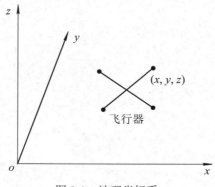

图 2-1　地理坐标系

地理坐标系的原点 o 为多旋翼飞行器的起飞点，ox 轴指向地球东向，oy 轴指向地球北向，oz 轴由右手准则确定，垂直于地平面向上，飞行器的位置 (x, y, z) 即为飞行器重心相对于地理坐标系的坐标值。由于多旋翼飞行器的运动范围很小，远远小于地球半径，因此在描述飞行器的姿态和角速度等运动信息时，通常不考虑地球的曲率，即将地球表面假设成一个平面。

2．机体坐标系

机体坐标系 B 固定在机体上，其原点与多旋翼飞行器的重心重合。根据机体坐标系与机臂的相对方向不同，飞行器的飞行模式一般可分为十字模式和 X 字模式。如图 2-2、图 2-3 所示。

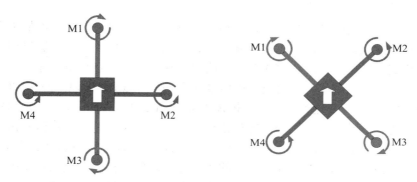

图 2-2　十字模式　　　　　　　　　图 2-3　X 字模式

在十字模式中，机体坐标系原点 o 位于机臂交叉中心，x 轴和 y 轴与机臂重合，z 轴垂直于机体平面指向飞行上方，如图 2-4(a)所示；将十字模式机体坐标系绕 z 轴旋转 45°，即得到 X 字模式机体坐标系，如图 2-4(b)所示。

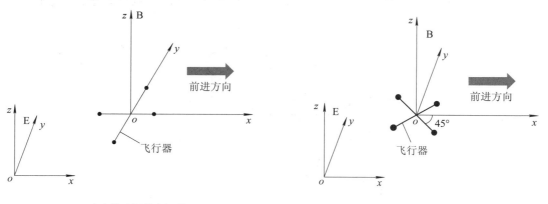

(a) 十字模式机体坐标系　　　　　　　　　　(b) X字模式机体坐标系

图 2-4　机体坐标系

飞行器的姿态通过机体绕 x 轴、y 轴、z 轴的转动角进行描述。从图 2-4 可以看出，根据机体坐标系的建立方式不同，其姿态控制的过程也将不一样。在多旋翼飞行器的运动过程中，机体坐标系与多旋翼飞行器始终固连，用于确定飞行器在空中的姿态信息。

对于姿态测量和控制来说，两种飞行模式差别不大。从图 2-2、图 2-3 可以看出，四旋翼飞行器采用四个旋翼作为飞行的直接动力源，旋翼对称分布在机体的前、后、左、右四个方向，四个旋翼处于同一高度平面，且四个旋翼的结构和半径都相同，四个电动机对称地安装在飞行器的支架端，支架中间的空间安放飞行控制计算机和外部设备。在理论分析和建模方面，飞行器在十字模式下进行纵向和横向运动时，各只有两个电动机和旋翼参与，较为简单和便捷。但从理论上来讲，如果四个电动机的特性一致并且旋翼也完美平衡，则 X 字模式要比十字模式有优势，因为在 X 字模式下，飞行器纵向和横向的运动同时由四个电动机完成，力矩明显变大，可控裕度增加。同时考虑到可能会使用图像相关传感器，为了使视线不被遮挡，通常也采用 X 模式。

2.1.2 四旋翼飞行器的工作原理

典型的传统直升机配备有一个主转子和一个尾桨。他们是通过控制舵机来改变螺旋桨的桨距角，从而控制直升机的姿态和位置。四旋翼飞行器与此不同，是通过调节四个电动机转速来改变旋翼转速，实现升力的变化，从而控制飞行器的姿态和位置。

四旋翼飞行器的运动状态主要通过机体坐标系 $oxyz$ 中 x 轴、y 轴、z 轴上的平动和绕 x 轴、y 轴、z 轴的转动来描述。其中，绕机体坐标系 $oxyz$ 中 x 轴、y 轴、z 轴的转动分别称为横滚运动、俯仰运动和偏航运动，转动角分别称为横滚角、俯仰角和偏航角；沿机体坐标系 $oxyz$ 中 x 轴、y 轴、z 轴方向上的平动分别称为前后运动、左右运动和升降运动。

以十字模式为例，说明四旋翼飞行器的飞行原理。假设在各个运动状态中，电动机 1 和电动机 3 作逆时针旋转，电动机 2 和电动机 4 作顺时针旋转，规定沿 x 轴正方向运动称为向前运动，箭头在旋翼的运动平面上方表示此电动机转速提高，在下方表示此电动机转速下降。

1. 垂直运动

垂直运动，即升降控制。十字模式下四旋翼飞行器垂直运动示意图如图 2-5 所示。

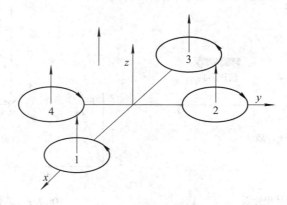

图 2-5 垂直运动示意图

在图 2-5 中，因有两对电动机转向相反，可以平衡其对机身的反扭矩，当同时增加四个电动机的输出功率，旋翼转速增加使得总的拉力增大，当总拉力足以克服整机的重量时，四旋翼飞行器便离地垂直上升；反之，同时减小四个电动机的输出功率，四旋翼飞行器则垂直下降，直至平衡落地，实现了沿 z 轴的垂直运动。当外界扰动量为零，在旋翼产生的升力等于飞行器的自重时，飞行器便保持悬停状态。当飞行器悬停时，四个螺旋桨拉力产生的横滚力矩、俯仰力矩、偏航力矩为零，四个螺旋桨反扭转效应均被抵消。因此，保证四个旋翼转速同步增加或减小是垂直运动的关键。

2．俯仰运动

在图 2-6 中，电动机 1 的转速上升，电动机 3 的转速下降，电动机 2、电动机 4 的转速保持不变。为了不因为旋翼转速的改变引起四旋翼飞行器整体扭矩及总拉力改变，旋翼 1 与旋翼 3 转速改变量的大小应相等。由于旋翼 1 的升力上升，旋翼 3 的升力下降，产生的不平衡力矩使机身绕 y 轴旋转(方向如图 2-6 所示)，同理，当电动机 1 的转速下降，电动机 3 的转速上升，机身便绕 y 轴向另一个方向旋转，实现飞行器的俯仰运动。

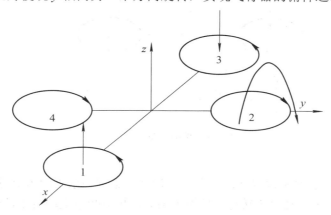

图 2-6　俯仰运动示意图

3．横滚运动

与图 2-6 的原理相同，在图 2-7 中，改变电动机 2 和电动机 4 的转速，保持电动机 1 和电动机 3 的转速不变，则可使机身绕 x 轴旋转(正向和反向)，实现飞行器的横滚运动。

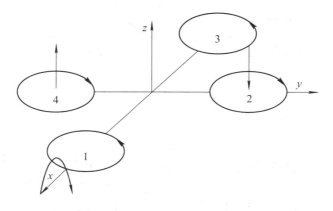

图 2-7　横滚运动示意图

4．偏航运动

四旋翼飞行器偏航运动可以借助旋翼产生的反扭矩来实现。旋翼转动过程中由于空气阻力作用会形成与转动方向相反的反扭矩，为了克服反扭矩影响，可使四个旋翼中的两个正转，两个反转，且对角线上的各个旋翼转动方向相同。反扭矩的大小与旋翼转速有关，当四个电动机转速相同时，四个旋翼产生的反扭矩相互平衡，四旋翼飞行器不发生转动；当四个电动机转速不完全相同时，不平衡的反扭矩会引起四旋翼飞行器转动。在图 2-8 中，当电动机 1 和电动机 3 的转速上升，电动机 2 和电动机 4 的转速下降时，旋翼 1 和旋翼 3 对机身的反扭矩大于旋翼 2 和旋翼 4 对机身的反扭矩，机身便在富余反扭矩的作用下绕 z 轴转动，实现飞行器的偏航运动，转向与电动机 1、电动机 3 的转向相反。

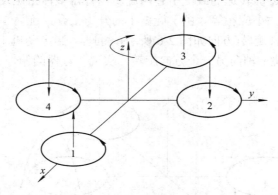

图 2-8　偏航运动示意图

5．前后运动

要想实现飞行器在水平面内前后、左右的运动，必须在水平面内对飞行器施加一定的力。在图 2-9 中，增加电动机 3 转速，使拉力增大，相应减小电动机 1 转速，使拉力减小，同时保持其他两个电动机转速不变，反扭矩仍然要保持平衡。

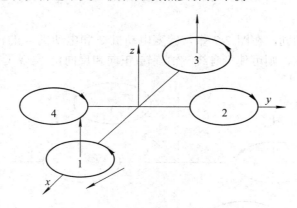

图 2-9　前后运动示意图

按图 2-6 的理论，飞行器首先发生一定程度的倾斜，从而使旋翼拉力产生水平分量，因此可以实现飞行器的前飞运动。向后飞行与向前飞行正好相反。当然在图 2-6、图 2-7 中，飞行器在产生俯仰、横滚运动的同时也会产生沿 x、y 轴的水平运动。

6．左右运动

在图 2-10 中，由于结构对称，所以侧向飞行的工作原理与前后运动完全一样。增加电动机 4 转速，使拉力增大，相应减小电动机 2 转速，使拉力减小，同时保持其他两个电动机转速不变，可以实现飞行器的左飞运动。向右飞行与向左飞行正好相反。

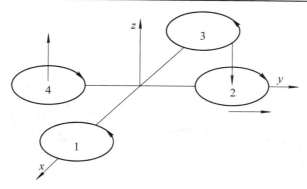

图 2-10 左右运动示意图

四旋翼飞行器四轴的运动与四个旋翼的关系如表 2-1 所示(以十字模式为例，X 字模式可以自己推导)。

表 2-1 四旋翼飞行器四轴的运动与四个旋翼的关系

飞行方向	1 号旋翼	2 号旋翼	3 号旋翼	4 号旋翼
上升	等量增大	等量增大	等量增大	等量增大
下降	等量减小	等量减小	等量减小	等量减小
前飞	等量减小	不变	等量增大	不变
后飞	等量增大	不变	等量减小	不变
左飞	不变	等量减小	不变	等量增大
右飞	不变	等量增大	不变	等量减小
左旋转	等量减小	等量增大	等量减小	等量增大
右旋转	等量增大	等量减小	等量增大	等量减小

根据上面的分析可知，由于在控制多旋翼飞行器飞行时，只能通过控制 4 个旋翼的升力来改变它的 6 个飞行姿态，所以多旋翼飞行器是一个 4 输入 6 输出的欠驱动系统。欠驱动系统是指系统的独立控制变量个数小于系统自由度个数的一类非线性系统，在节约能量、降低造价、减轻重量、增强系统灵活度等方面都比完整驱动系统优越。欠驱动系统结构简单，便于进行整体的动力学分析和试验，同时由于系统的高度非线性、参数摄动、多目标控制要求及控制量受限等原因，欠驱动系统又足够复杂。当驱动器故障时，可能使完整驱动系统变成欠驱动系统，欠驱动控制算法可以起到容错控制的作用。

2.2 多旋翼飞行器的基本组成

多旋翼飞行器主要由机架、电动机、电子调速器和螺旋桨组成，为了满足实际飞行需要，一般还需要配备电池、遥控系统及飞行控制系统。

2.2.1 机架

机架是指多旋翼飞行器的机身架，是整个飞行系统的飞行载体，所有的部件和设备都要安装在机架上面。机架下方安装有起落架，用于支撑全机重量，避免螺旋桨离地太近而发生触碰，以及消耗和吸收多旋翼飞行器在着陆时的撞击能量。机架一般使用高强度、重量轻的材料，例如碳纤维、PA66 + 30GF 等材料，如图 2-11 所示。

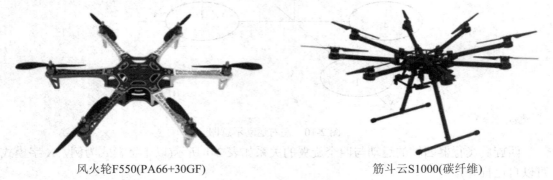

风火轮F550(PA66+30GF)　　　　　　　筋斗云S1000(碳纤维)

图 2-11　机架

机架是飞行器的基础平台，电动机、电子调速器和飞行控制器等设备都要安装在机架上面。机架的主要作用如下：

(1) 提供安装接口。这些接口包括安装和固定电动机、电子调速器、飞行控制器的螺丝孔。

(2) 提供整体的稳定和坚固的平台。飞行器飞行过程中需要一个稳定坚固的平台，这样可以使得电动机转动过程中不会毁坏其他设备，并为各种传感器提供一个稳定的平台。

(3) 安装起落架等缓冲装备。这些可以为飞行器提供安全的起飞和降落条件，避免损坏其他仪器。

(4) 提供相应的保护装置。这里的保护装置用于保护飞行器本身和可能接触到的操作人员。因为飞行过程中会存在各种不可预知的情况，一定的保护措施可以保护器械和其他人员，减少不必要的损失。

为保证飞行性能，目前市场上的机架多为十字对称型，也有少数轴对称型。而出于强度和厂家生产成本的考虑，机架中心板多使用玻璃纤维板制作，机臂多使用尼龙材料制作。如果对重量和强度的要求比较高，可使用更为昂贵的碳纤维材料制作机架。

图 2-12 所示为微型四旋翼飞行器。由于微型四旋翼飞行器对重量的要求较高，机架通常可以直接用自身的 PCB 电路板充当，或者是用碳纤维、工程塑料等比较轻且比较坚固的材料加上比较小的 PCB 电路板构成。

图 2-12　微型四旋翼飞行器

2.2.2　电动机

电动机是多旋翼飞行器的主要动力来源，同时也跟飞行器的飞行姿态密切相关。多旋翼飞行器常用电动机如图 2-13 所示。电动机的转速快慢决定了飞行器可以承载的重量，同时，其转速改变的快慢可以影响飞行器姿态的变换。在整个飞行系统中，电动机起到提供动力的作用。

图 2-13　电动机

较大的多旋翼飞行器主要使用无刷电动机。与传统的有刷电动机不同，无刷电动机属于外转子电动机，也就是说，工作的时候是电动机的外壳在转动，而不是内部的线圈在转动。这样带来了电动机维护上的方便，同时，无刷电动机在扭力、转速方面都有比较优越的特性，因此广泛地应用在较大多旋翼飞行器、固定翼等各类航模上面。

2.2.3　电子调速器

电子调速器(电调)，英文 Electronic Speed Controller，简称 ESC。在整个飞行系统中，电子调速器主要提供驱动电动机的指令，用来控制电动机，完成规定的速度和动作等。如图 2-14 所示为多旋翼飞行器常用电子调速器。

图 2-14　电子调速器

多旋翼飞行器电动机的电流是很大的，通常每个电动机正常工作时平均有 3 A 左右的电流，如果没有电子调速器的存在，飞行控制器 I/O 口根本无法承受这样大的电流，而且飞行控制器提供的控制信号无法直接驱动无刷电动机，因此需要通过电子调速器最终控制电动机的转速。

2.2.4　螺旋桨

在多旋翼飞行器的动力系统中，螺旋桨是非常重要的部件之一。螺旋桨通过自身旋转，将电动机转动功率转化为飞行器上升的动力。在整个飞行系统中，螺旋桨主要起到提供飞行所需的动能的作用。常见多旋翼飞行器螺旋桨如图 2-15 所示。

尼龙桨叶　　　　　　　　碳纤维桨叶　　　　　　　　木桨

图 2-15　螺旋桨

　　螺旋桨一般采用碳纤维、尼龙塑料或木头作为原材料。螺旋桨自身的效率以及与电动机的匹配度会在很大程度上影响飞行器的航时和速度。从宏观上讲，旋转的螺旋桨会对下方的空气产生一个作用力，从而受到来自空气的向上的反作用力，这个反作用力就是升力。

2.2.5　电池

　　电池是将化学能转化成电能的装置。在整个飞行系统中，电池作为能源储备，为整个动力系统和其他电子设备提供电力来源。

　　目前在多旋翼飞行器上，一般采用普通锂聚合物电池或者智能锂电池等。如图 2-16 所示。锂聚合物电池相对于以前遥控模型所采用的镍镉或镍氢电池，其能量密度是最大的，意味着相同质量下该电池能够存储更多的电能。

普通锂聚合物电池　　　　　　　　　　智能锂电池

图 2-16　电池

2.2.6　遥控系统

　　遥控系统由发射机和接收机组成，是整个飞行系统的无线电遥控设备(英文 Radio Control，简称 RC)。常见多旋翼飞行器遥控系统如图 2-17 所示。

发射机　　　　　　　　　　接收机

图 2-17　遥控系统

无线电遥控设备是多旋翼飞行器系统中的关键部分，它可以在需要的情况下通过手动的方式来控制飞行器。一个无线电遥控系统包含一个发射机(就是手里拿着的遥控器)，发射机上有操纵杆和按键，通过它们来控制飞行器。当移动操纵杆或者按下按键时，无线电发射机就会通过无线电信号，向飞行器上的接收机发送指令。接收机收到信号后，输出指令给飞行控制器，从而执行所要求的动作。

　　大型无人机采用测控地面站进行控制，一般遥控距离可达 30 km，采用地面虚拟现实系统进行虚拟控制。

2.2.7　飞行控制系统

　　飞行控制系统可视为多旋翼飞行器的大脑，它处理所有采集到的信息并发送相关的指令给电动机和控制舵面，以执行特定的动作。

　　根据机型的不同，可以有不同类型的飞行控制系统，即支持固定翼、多旋翼及直升机的飞行控制系统。常见飞行控制系统如图 2-18 所示。

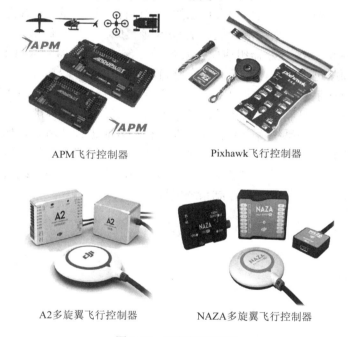

APM飞行控制器　　　　　　　　　　Pixhawk飞行控制器

A2多旋翼飞行控制器　　　　　　　NAZA多旋翼飞行控制器

图 2-18　飞行控制系统

　　飞行控制系统集成了高精度的传感器元件，主要由陀螺仪(飞行姿态感知)、加速计、角速度计、气压计、GPS 及指南针模块和控制电路等部件组成。它们用于在飞行时测量飞行器的运动参数。飞行控制系统使用这些信息以保持飞行器的飞行状态，并通过控制电动机和其他控制舵面向预定的目标飞行。

　　针对不同功能的飞行器，其飞行控制系统的功能也不同。

　　多旋翼飞行器飞行控制系统的主要功能是使飞行器能够按照给定指令给出相应的响应并且能够稳定可靠地飞行，具体表现在以下方面。

　　(1) 具有实时、有效地采集加速度传感器、陀螺仪、磁罗盘、气压传感器等机载传感器信息的能力，为了方便后期的扩展功能，还需预留扩展口。

（2）能够快速从机载传感器中获取到所需要的有用数据和信息，确定当前飞行器的飞行状态。

（3）能够通过无线通信链路实现控制指令的传送，并将飞行器的飞行状态传给地面接收装置，方便地面站对多旋翼飞行器进行控制和飞行状态监测。

（4）可手控也可自控，通过手控和自控的双保险，可保证飞行器的安全飞行，应对一些突发状况。

（5）能够实现飞行器的飞行姿态控制、航向控制、高度控制、自主飞行等模式的控制律解算。

多旋翼飞行器飞行控制系统的功能是随着开源飞行控制系统的发展而不断发展的。开源飞行控制系统的发展可分为三代。

第一代开源飞行控制系统以使用 Arduino 或其他类似的开源电子平台为基础，扩展连接各种 MEMS 传感器，能够让飞行器平稳地飞起来，其主要特点是模块化和可扩展能力。

第二代开源飞行控制系统大多拥有自己的开源硬件、开发环境和社区，采用全集成的硬件架构，将全部传感器、主控单片机甚至 GPS 等集成在一块电路板上，以提高可靠性。它使用全数字三轴 MEMS 传感器组成航姿系统，能够控制飞行器完成自主航线飞行，同时可加装电台与地面站进行通信，初步具备完整自动驾驶仪的功能。此类飞行控制系统具备多种飞行模式，包含手动飞行、半自主飞行和全自主飞行。第二代开源飞行控制系统的主要特点是高集成性、高可靠性，其功能已经接近商业自动驾驶仪标准。

第三代开源飞行控制系统将会在软件和人工智能方面进行革新。它加入了集群飞行、图像识别、自主避障、自动跟踪飞行等高级飞行功能，向机器视觉化、集群化、开发过程平台化的方向发展。目前市场上的多旋翼飞行器使用的飞行控制系统绝大多数属于第二代飞行控制系统，正在向第三代飞行控制系统发展。

第 3 章　多旋翼飞行器 DIY 常用工具

"工欲善其事，必先利其器"，本章将介绍多旋翼飞行器 DIY 常用工具，让读者了解多旋翼飞行器常用 DIY 工具的使用方法，掌握多旋翼飞行器的机械装配知识。

3.1　安装工具

在多旋翼飞行器装配中，通常用到手钳类、旋具类、扳手类等安装工具，下面介绍各类安装工具的使用方法。

3.1.1　手钳类工具

手钳是用来夹持零件，切断金属丝，剪切金属薄片或将金属薄片、金属丝弯曲成所需形状的常用手工工具。手钳的规格是指钳身长度(mm)。按用途可分为钢丝钳、尖嘴钳、扁嘴钳、斜口钳等。

1. 钢丝钳

钢丝钳由钳头、钳柄两部分组成。钳头由钳口、齿口、刀口及铡口 4 部分组成，钳柄上套有耐压 500 V 的绝缘套。钢丝钳的结构如图 3-1 所示。

钢丝钳功能较多，可以夹持、弯扭和剪切金属薄板，剪断较粗的金属线，还可以用来剥去导线的绝缘外皮，拧动螺母，起钉子等，是应用最广泛的手工工具。

图 3-1　钢丝钳

钢丝钳按照柄部材质可分为不带塑料套和带塑料套两种；按照钳口形式可分为平钳口、凹钳口和剪切钳口三种。其规格见表 3-1。

表 3-1　钢丝钳的规格

类　型		工作电压 /V	钳身长度 /mm		
柄部	旁剪口				
铁柄	有	—	160	180	200
	无				
绝缘柄	有	500			
	无				
能切断硬度 HRC≤30 中碳钢丝的最大直径/mm			2	2.5	3

使用时用右手握住钳柄，根据需要分别使用钳头的 4 个部位：钳口用来夹持导线线头、弯绞导线及金属丝；齿口用来固紧或起松螺母；刀口用来剪切导线及金属丝，剖切并勒下软导线线头的绝缘层，使用时要使导线或金属丝与刀口平面垂直，在剪断金属丝或导线时用力要猛，在咬切、勒掉导线线头的绝缘外皮时用力要适当，以防损伤导线的线芯；铡口用来铡切导线线芯和钢丝、铁丝等较硬的金属丝。

2. 尖嘴钳

尖嘴钳由钳头、钳柄构成。和其他钳子相比，它的钳头细而尖，并带有刀口，钳柄上套有绝缘套。尖嘴钳适用于比较狭小的工作空间中小零件的夹持，主要用于仪器仪表、电信、电器行业的安装维修，带刃口的尖嘴钳还可以切断细金属丝。尖嘴钳的结构如图 3-2 所示。

图 3-2　尖嘴钳

尖嘴钳在使用时可以平握，也可以立握。在装配飞行器时，尖嘴钳适合抓取小零件或者伸进飞行器内部操作。

尖嘴钳按照柄部材质可分为不带塑料套和带塑料套两种。铁柄尖嘴钳电工作业禁用，绝缘柄的尖嘴钳耐压强度为 500 V。常用的尖嘴钳有 125、140、160、180、200 mm 五种规格。

尖嘴钳的钳头部分尖细，且经过热处理，夹持物体不能过大，用力不能过猛，以防损伤钳头。使用时不能用尖嘴去撬工件以免将钳嘴撬变形。

3. 扁嘴钳

扁嘴钳适用于狭窄或凹下工作空间中装拔销子、弹簧等小型零件及对金属薄片或细丝的弯曲。扁嘴钳的结构如图 3-3 所示。

扁嘴钳按照钳头可分为短嘴式和长嘴式两种。其规格见表 3-2。

表 3-2　扁嘴钳的规格

钳身长度/mm		125	140	160	180	200
钳头部长度 /mm	短嘴式	25	32	40	—	—
	长嘴式	32	40	50	63	80

图 3-3　扁嘴钳

4. 斜口钳

斜口钳又叫偏口钳，它由钳头、钳柄和弹簧构成。斜口钳的刀口和钳头的一侧基本上在同一个平面。斜口钳的结构如图 3-4 所示。

图 3-4　斜口钳

斜口钳的主要功能跟剪刀差不多，用于剪切，但由于它的刀口比较短和厚，所以可以用来剪切比较坚硬的元件引脚和较粗的连接线等。有的斜口钳刀口处还有小缺口，专门用来剥电线外皮。斜口钳在夹持导线的绝缘外皮时，要控制好刀口的咬合力度，既要咬住绝缘外皮，又不能伤及绝缘层内的金属线芯。

　　斜口钳按照柄部材质可分为带塑料套和不带塑料套两种。铁柄斜口钳电工作业禁用，绝缘柄斜口钳耐压强度为 500 V。其规格见表 3-3。

表 3-3　斜口钳的规格

钳身长度/mm	125	140	160	180	200
加载距离/mm	80	90	100	112	125

　　使用斜口钳时要注意不能用来剪硬度较大的金属丝，以防止钳头变形或断裂。

3.1.2　旋具类工具

　　螺钉旋具又称螺旋凿、起子、改锥或螺丝刀，它是一种紧固和拆卸螺钉的工具。螺钉旋具的样式和规格很多，常用的有一字形螺钉旋具、十字形螺钉旋具、多用螺钉旋具、内六角螺钉旋具等。

1. 一字形螺钉旋具

　　一字形螺钉旋具用于紧固或拆卸一字槽螺钉、木螺钉。穿心式一字槽螺钉旋具能承受较大的扭矩，且可在尾部用手锤敲击使用；方形旋杆螺钉旋具还可用相应扳手夹住旋杆扳扭，以增大扭矩。其结构如图 3-5 所示。

图 3-5　一字形螺钉旋具

　　一字形螺钉旋具规格用旋杆长(mm) × 旋杆直径(mm)来表示。按照柄部结构可分为普通式和穿心式两种；按照柄部材质可分为木柄和塑料柄；此外还有方形旋杆和短粗型旋具。其规格见表 3-4。

表 3-4　一字形螺钉旋具的规格

公称尺寸/(mm × mm)	公称尺寸/(mm × mm)	公称尺寸/(mm × mm)	公称尺寸/(mm × mm)	公称尺寸/(mm × mm)	公称尺寸/(mm × mm)	公称尺寸/(mm × mm)
50 × 3	75 × 4	50 × 5	100 × 6	100 × 7	125 × 8	125 × 9
65 × 3	100 × 4	65 × 5	125 × 6	125 × 7	150 × 8	250 × 9
75 × 3	150 × 4	75 × 5		150 × 7	200 × 8	300 × 9
100 × 3	200 × 4	200 × 5			250 × 8	350 × 9
150 × 3	150 × 4	250 × 5				
200 × 3		300 × 5				

2. 十字形螺钉旋具

十字形螺钉旋具用于拆装十字槽螺钉。其结构如图 3-6 所示。

图 3-6　十字形螺钉旋具

十字形螺钉旋具规格用旋杆长(mm) × 旋杆直径(mm)来表示。其规格见表 3-5。

表 3-5　十字形螺钉旋具的规格

公称尺寸 /(mm × mm)	公称尺寸 /(mm × mm)	公称尺寸 /(mm × mm)	公称尺寸 /(mm × mm)	公称尺寸 /(mm × mm)
50 × 4	50 × 5	50 × 6	50 × 8	50 × 9
75 × 4	75 × 5	75 × 6	75 × 8	75 × 9
90 × 4	90 × 5	90 × 6	90 × 8	90 × 9
100 × 4	100 × 5	125 × 6	100 × 8	250 × 9
150 × 4	200 × 5	150 × 6	150 × 8	300 × 9
200 × 4		200 × 6	200 × 8	350 × 9
			250 × 8	400 × 9

3. 多用螺钉旋具

多用螺钉旋具用于紧固或拆卸多种形式的带槽螺钉、木螺钉和自攻螺钉,并可钻木螺钉孔眼以及做试电笔用。其结构如图 3-7 所示。

图 3-7　多用螺钉旋具

多用螺钉旋具的规格是指旋具全长(mm)。其规格为 230 mm。

4．内六角螺钉旋具

内六角螺钉旋具用于紧固或拆卸内六角螺钉。其结构如图 3-8 所示。

图 3-8 内六角螺钉旋具

内六角螺钉旋具的规格见表 3-6。

表 3-6 内六角螺钉旋具的规格

型号	T40				T30		
长度 L/mm	100	150	200	250	125	150	200
旋头六角对边距/mm	4，4.5，5，5.5，6，7，8，9，10，11，12，13，14						

使用螺钉旋具时应注意事项：

使用螺钉旋具时应根据螺钉的大小，选用合适的螺钉旋具。螺钉旋具的刃口要与螺钉槽相吻合，不要凑合使用，以免损坏刀口或螺钉。操作时螺钉旋具杆要与螺钉帽的平面垂直，不要倾斜。一字形螺钉旋具刀口不平时，可用砂轮或粗石打磨。十字形螺钉旋具刀口磨损时，可用钢锉锉好。此外，不要将螺钉旋具当凿子用。

3.1.3 扳手类工具

扳手主要用来扳动一定尺寸范围的螺栓、螺母，启闭阀类，装、卸杆类丝扣等。常用扳手有：呆扳手、梅花扳手、活扳手、内六角扳手、套筒扳手等。

1．呆扳手

呆扳手俗称死扳手，在扭矩较大时可与手锤配合使用。呆扳手又可分为单头呆扳手和双头呆扳手两种。单头呆扳手用于紧固或拆卸某一种固定规格的六角头或方头螺栓、螺钉或螺母，其结构如图 3-9 所示。双头呆扳手用于紧固或拆卸具有两种固定规格的六角头或方头螺栓、螺钉或螺母，其结构如图 3-10 所示。

图 3-9 单头呆扳手 图 3-10 双头呆扳手

呆扳手的规格是指扳手开口宽度(mm)。呆扳手开口宽度是固定的，大小与螺母或螺栓头部的对边距离相适应，并根据标准尺寸做成一套。

2．梅花扳手

梅花扳手的用途与呆扳手相似。梅花扳手又可分为单头梅花扳手和双头梅花扳手两种。

单头梅花扳手仅适用于紧固或拆卸一种规格的内六角螺栓、螺母，其结构如图 3-11 所示。双头梅花扳手适用于紧固或拆卸两种规格的六角头螺栓、螺母，其结构如图 3-12 所示。梅花扳手可以在扳手转角小于 60º 的情况下，一次一次地扭动螺母，使用时一定要选配好规格，使被扭螺母和梅花扳手的规格尺寸相符，不能松动打滑，否则会将梅花扳手棱角损坏。

图 3-11　单头梅花扳手

图 3-12　双头梅花扳手

梅花扳手的规格是指梅花的对边距离(mm)。单头梅花扳手可分为矮颈和高颈两种，双头梅花扳手可分为矮颈、高颈、直颈和弯颈 4 种型式。

3. 活扳手

活扳手的开口宽度可以调节，可用于扳拧一定尺寸范围的六角或方头螺栓、螺钉、螺母，其结构如图 3-13 所示。

图 3-13　活扳手

活扳手规格是指首尾全长(mm)×最大开口宽度(mm)。如扳手上标有"200×24"字样，"200"表示扳手全长为 200 mm，"24"表示扳手虎口全开时为 24 mm。其规格见表 3-7。

表 3-7　活扳手的规格

扳手全长/mm	100	150	200	250	300	375	450	600	650
最大开口宽度/mm	13	14	24	28	34	45	55	60	65

活扳手在使用时应根据所扳动的螺母、螺栓的规格大小来选择合适的扳手。活扳手使用前应检查扳手的张合度、滑轨是否灵活，销子是否良好，虎口有无裂痕。根据螺栓或螺帽的规格将开口调到合适的尺寸，使松紧合适，活动扳唇与用力方向一致。活扳手扳动较小的螺母时，应握在接近头部的位置，施力时手指可随时旋调蜗轮，收紧活动扳唇，以防打滑。扳动时要用力拉动扳手，不能推动，拉力的方向要与扳手的手柄成直角。在某些非推不可的场合时，要用手掌推，手指伸开，防止撞伤关节。

4. 内六角扳手

内六角扳手专门用于拆装各种内六角螺钉。其结构如图 3-14 所示。

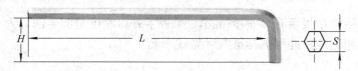

图 3-14　内六角扳手

内六角扳手的规格是指所适用内六角螺钉的对边距离(mm)。其规格见表3-8。

表 3-8　内六角扳手的规格

公称尺寸 S	2	2.5	3	4	5	6	7	8	10	12	14	17	19	22	24	27	32	36
长脚长度 L	50	56	63	70	80	90	95	100	112	125	140	160	180	200	224	250	315	355
短脚长度 H	16	18	20	25	28	32	34	36	40	45	56	63	70	80	90	100	125	140

5. 套筒扳手

套筒扳手分手动和机动(电动、气动)两种。由各种套筒(工作头)、传动附件和连接附件组成。除具有一般扳手紧固和拆卸六角头螺栓、螺母的功能外，套筒扳手特别适用于工作空间狭小或深凹的场合。手动套筒扳手应用十分广泛。其结构如图 3-15 所示。

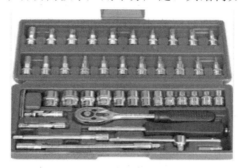

图 3-15　套筒扳手

套筒扳手可分为小型、普通型和重型三种类型。

套筒扳手在使用时应根据被拆装螺母选准规格，根据螺母所在位置大小选择合适的手柄，将套筒套在螺母上。拆装前必须把手柄接头安装稳定后才能用力，防止打滑脱落导致伤人，拆装过程中用力要平稳。

使用扳手时应注意事项：

扳手在使用时应根据被扳动对象以及尺寸选择合适的类型及规格，使用前应检查扳手及手柄有无裂痕，无裂痕方可使用。使用扳手时不能在手柄上接加力杠，防止超力臂范围造成伤害。扳手用过后应及时擦洗干净。

3.2　测　量　工　具

测量工具是在生产过程中用来测量各种工件的尺寸、角度和形状的工具。由于对工件的精度要求不同，量具亦有不同精度，故可分为普通量具和精密量具两种。在组装飞行器套件操作中，常用的测量工具有量尺、游标卡尺、千分尺和百分表等。

3.2.1　量尺

1. 钢直尺

钢直尺也叫钢板尺，是一种最常用的测量长度的简单测量工具，用于一般工件尺寸的测量，可测量被测件的长、宽、高等尺寸。测量长度的范围取决于钢直尺的规格。钢直尺的最小刻线宽度为 0.5 mm 或 1 mm。钢直尺一般用不锈钢制成,其结构如图 3-16 所示。

图 3-16　钢直尺

钢直尺的规格是指测量上限(mm)。其规格见表 3-9。

表 3-9　钢直尺的规格

测量上限/mm	150	300	500	600	1000	1500	2000
全长/mm	175	335	540	640	1050	1565	2065

钢直尺连续测量时,必须使首尾测线相接,并在一条直线上。用钢直尺画线时,注意保护钢直尺的刻度和边缘不得移位。

2. 钢卷尺

钢卷尺用于较大工件尺寸的测量。钢卷尺有大钢卷尺和小钢卷尺两种。大钢卷尺可测量较大距离,有摇盒式、摇架式两种,卷尺的一面刻有公制单位刻度线,用于测量较长的管线或距离。小钢卷尺又称钢盒尺,测量较小的距离,分为自卷式和制动式两种,尺的一面刻有公制单位的刻度线,用于测量较短管线或距离。测量时将钢尺由盒中拉出,将钢尺的刻度与被测件直接比量读出得数,用后将钢尺擦拭干净以免腐蚀。钢卷尺的结构如图 3-17 所示。钢卷尺测量时必须保证量尺的平直度。拉伸钢卷尺时要平稳,速度不能过快,拉出时尺面与出口断面要相吻合,防止扭卷。

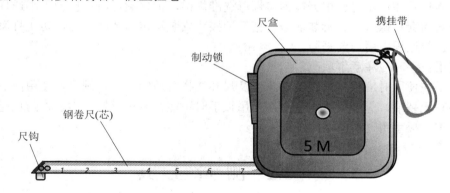

图 3-17　钢卷尺示意图

钢卷尺的规格见表 3-10。

表 3-10　钢卷尺的规格

型式	自卷式、制动式	摇盒式、摇架式
公称长度/m	1, 2, 3, 3.5, 5, 10	5, 10, 15, 20, 30, 50, 100

3. 条形水平仪

水平仪用来检测被测表面的平直度,也可用于检验各平面间的平行度与垂直度。水平仪分为条形水平仪(ST)和框式水平仪(SK)。在组装飞行器套件操作中，主要使用条形水平仪。

条形水平仪的主水准器用来测量纵向水平度，小水准器用来确定水平仪本身横向水平位置。水平仪的底平面为工作面，中间制成 V 型槽(120°或 140°)，以便安装在圆柱面上测量。其结构如图 3-18 所示。当水准器内的气泡处于中间位置时，水平仪便处于水平状态；当气泡偏向一端时，表示气泡靠近的一端位置较高。水平仪的示值应在垂直水准器的位置上读数。

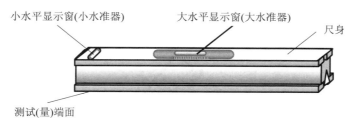

图 3-18　条式水平仪结构示意图

使用水平仪时应注意事项：

(1) 测量前应先检查水平仪的零位是否正确；

(2) 将被测物测量面擦干净；

(3) 必须在水准器内的气泡完全稳定时才可读数。

3.2.2　游标卡尺

游标卡尺用于测量工件的内、外径尺寸及长度尺寸(如宽度、厚度)等，带深度尺的卡尺还可以测量工件的深度尺寸，是一种中等精度的量具。其结构如图 3-19 所示。

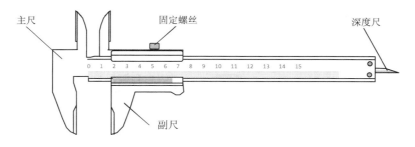

图 3-19　游标卡尺结构示意图

常用的游标卡尺长度有 150、200、300 和 500 mm 四种规格。

(1) 主尺：主尺有刻度，刻度线距离 1mm。主尺的刻度决定游标卡尺的测量范围。

(2) 副尺：副尺上有游标。游标的读数值(精度)有 0.1 mm、0.05 mm、0.02 mm 三种。

(3) 深度尺：深度尺是 0~125 mm 的卡尺，固定在副尺背面，能随着副尺在尺身导向槽中移动。测量深度时，应将主尺的尾部端点紧靠在被测物件的基准平面上。移动副尺使深度尺与被测工件底面相垂直，读数方法与测量内、外径的方法相同。

根据游标卡尺的结构，游标卡尺的读数方法如下：

(1) 在主尺上读位于游标零线左面的毫米尺寸数，为测量结果的整数部分。

(2) 读出游标上与尺身上刻线对齐的刻线数值，次数值和间隔差值(即卡尺的精确度，可分为 0.1、0.05、0.02 mm 三种)的乘积为小数部分。

(3) 把整数部分与小数部分相加即可得出测量结果。

电子数显卡尺有清晰的数字显示，读数快而准确，比一般游标卡尺精度高，具有防锈、防磁的功能。其结构如图 3-20 所示。电子数显卡尺的测量范围为 0～150 mm、0～200 mm、0～300 mm 和 0～500 mm，最小显示值为 0.01 mm。

图 3-20   电子数显卡尺

3.2.3   千分尺

千分尺是一种精度较高的量具，主要是用来测量精度要求较高的工件，其精度可达 0.01 mm，比游标卡尺精度高出一倍。千分尺可分为外径千分尺、深度千分尺和壁厚千分尺。其中外径千分尺应用最为普遍。外径千分尺又称螺旋测微器、分厘卡。外径千分尺有测砧固定式与可调式两种。其结构如图 3-21 所示。

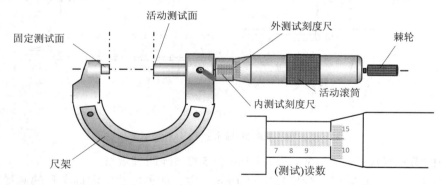

图 3-21   外径千分尺结构示意图

千分尺的分度值为 0.01 mm(微分筒上每一格间距离)，也就是测量精度为 0.01 mm。根据外径千分尺的结构，外径千分尺的读数方法如下：

(1) 在固定套筒上读出其与微分筒边缘靠近的刻线数值(包括整毫米数和半毫米数)。

(2) 在微分筒上读取其与固定套筒的基准线对齐的刻度数值。

(3) 将以上两个数值相加即为测量结果。

使用千分尺时应注意事项：

(1) 将螺旋测微器的测量面擦干净，校正其归零。

(2) 将预测件表面清洗干净，一手握住预测件，一手转动千分尺的活动套筒，将预测件置于两测杆之间。

(3) 调整微分套筒，使两测杆的侧面接近预测件表面。

(4) 转动棘轮，当棘轮发出"咔咔"的响声时，读测量数据。

(5) 测取三个不同方位的数据，取平均值作为测量结果。

(6) 不可用螺旋测微器测量表面粗糙的工件，使用完后清理现场，将测量面擦干净，加润滑油保养，放入盒中存放。

3.2.4 百分表

百分表用于测量工件的形状、位置误差及位移量，也可用比较法测量工件的长度。它是利用机械结构将被测工件的尺寸数值放大后，通过读数装置标识出来的一种测量工具。其结构如图 3-22 所示。

百分表的分度值为 0.01 mm。表面刻度盘上共有 100 个等分格，当指针偏转 1 格时，量杆移动距离为 0.01 mm。

百分表的使用注意事项：

(1) 百分表应固定在可靠的表架上，根据测量的需要可选择带平台的表架或万能表架。

(2) 百分表应牢固地装夹在表架夹具上，如与装套筒紧固时，夹紧力不宜过大，以免使装夹套筒变形，卡住测杆，应检查测杆移动是否灵活，夹紧后，不可再转动百分表。

(3) 百分表测杆要与被测工件表面垂直，否则将产生较大的测量误差。

(4) 测量圆柱形工件时，测杆轴线应与圆柱形工件直径方向一致。

图 3-22 百分表

(5) 在测量时，应轻轻提起测杆，把工件移至测头下面，缓慢下降测头，使之与工件接触，不准把工件强行推入至测头，也不准急骤下降测头，以免产生瞬时冲击测力，给测量带来误差。对工件进行调整时，应按上述方法操作。在测头与工件表面接触时，测杆应有 0.3～1 mm 的压缩量，以保持一定的起始测量力。

(6) 测杆上不要抹油，以免油污进入表内，影响表的传动机构和测杆移动的灵活性。

3.3 切 割 工 具

在多旋翼飞行器制作中，常用切割工具有手电钻、电磨、手钢锯、锉刀和美工刀等。

3.3.1 手电钻

手电钻是一种携带方便的小型钻孔用工具，由小电动机、控制开关、钻夹头和钻头几部分组成，如图 3-23 所示。

图 3-23　手电钻

　　手电钻的规格是以钻夹头所能夹持钻头的最大直径来表示的，常见的有 Φ3 mm、Φ6 mm、Φ10 mm、Φ13 mm 等几种。

　　在多旋翼飞行器制作中，手电钻主要用于在金属板、电路板或机架上打孔。其规格多为 Φ3 mm，可夹持最小直径为 Φ0.5 mm、最大直径为 Φ3 mm 的多种钻头。

　　使用手电钻打孔时，钻头应和加工件保持垂直，手施加适当的压力。刚开始钻孔时，要随时注意钻头是否偏移中心位置，如有偏移，应及时校正。校正时可在钻孔的同时适当给手电钻施加一个与偏移方向相反的水平力，逐步校正。钻孔过程中，给手电钻施加的垂直压力应根据钻头工作情况，凭感觉进行控制。孔将要钻穿时，送给力必须减小，以防止钻头折断，或使钻头卡死等。

3.3.2　电磨

　　电磨俗称磨头机、电动砂轮机，是可以配合多种用途的磨具磨料对金属和非金属材料进行切割、修整、造型、研磨和抛光等多种工序的电动工具。电磨一般采用直流电动机，交流电压，具有高速、大转矩、大功率等特点，并带有调速档，一般可以在 0～30000 r/min 之间进行调速。此种工具安全系数高、小巧方便、易于使用，如图 3-24 所示。

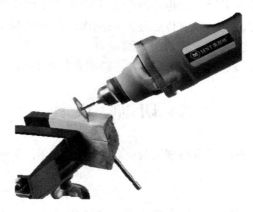

图 3-24　电磨

电磨主要的磨具磨料有以下几种。

(1) 切割类：树脂高速切割砂片，带布网的切割砂片，金刚砂切割片。

(2) 研磨类：各种异型陶瓷磨头、砂圈、砂鼓，带柄页轮。

(3) 抛光类：羊毛毡轮、毡片，小布轮，钢丝刷，铜丝刷(配合各种用途的抛光膏)。

3.3.3 手钢锯

手钢锯是用来进行手工锯割金属管子或工件的工具。由锯弓和锯条两部分组成，有可调式和固定式两种。其结构如图 3-25 所示。

图 3-25 手钢锯

可调式手钢锯有 200 mm、250 mm、300 mm 三种，固定式是 300 mm。常用的锯条规格是 300 mm，锯条按锯齿粗细分为三种：粗齿(锯条每英寸长度内 18 齿)、中齿(锯条每英寸长度内 24 齿)、细齿(锯条每英寸长度内 32 齿)。粗齿锯条齿距大，适合锯割软质材料或厚的工件；细齿锯条齿距小，适合锯割硬质材料。一般来说，粗齿锯条适用于锯割铜、铝、铸铁、低碳钢和中碳钢等；中齿锯条适用于锯割钢管、铜管、高碳钢等；细齿锯条适用于锯割硬钢、薄管子、薄板金属等。

手钢锯在前推时才起到切削作用，因此安装锯条时应使齿尖的方向朝前。在调节锯条松紧时，蝶形螺母不宜旋得太松或太紧，太紧时锯条受力太大，在锯割中用力稍有不当，就会折断；太松时锯条容易扭曲，也容易折断，而且锯出的锯缝容易歪斜。其松紧程度可用手扳动锯条，以感觉硬实即可。锯条安装后，要保证锯条平面与锯弓中心平面平行，不得倾斜和扭曲，否则，锯割时割缝极易歪斜。

手钢锯使用注意事项：

(1) 锯条安装要松紧适当，锯割时不要突然用力过猛，防止工作中锯条折断从锯弓上崩出伤人。

(2) 当锯条局部的锯尺崩裂后，应及时在砂轮机上进行修整。

(3) 工件将要锯断时，压力要小，避免因压力过大而使工件突然断开，使手惯性前冲造成事故，一般工件将要锯断时，要用左手扶住工件断开部分，避免掉下砸伤脚。

3.3.4 锉刀

锉刀是用来手工锉削金属表面的一种钳工工具。锉刀由锉身和锉柄两部分组成。按锉刀断面形状来分，有齐头扁锉、尖头扁锉、方锉、圆锉、半圆锉、三角锉等几种；按锉刀工作部分的锉纹密度(即每 10 mm 长度内的主锉纹数目)来分，有 1、2、3、4、5 号五种；按锉刀长度可分为 100 mm、150 mm、250 mm 和 300 mm 四种。其结构如图 3-26 所示。

图 3-26　锉刀

每种锉刀都有一定的用途，如果选择不当，就不能充分发挥它的效能，甚至会过早地丧失切削能力。应根据被锉削工件表面形状和大小选用合适断面形状和长度的锉刀。在多旋翼飞行器制作中,锉刀可用来锉平机架开孔处、电路板切割边的毛刺，以及锉掉电烙铁头上的氧化物等。

锉刀使用注意事项：

(1) 钢锉质地硬脆，易断裂，不允许将小钢锉当做其他工具(如撬棒、锥子等)使用；

(2) 一面用钝后再用另一面，并充分利用钢锉的全长，这样可以延长小钢锉的使用寿命。

(3) 建议读者选购套装锉刀。它一般配有 10 个品种，有平锉、三角锉、方锉、半圆锉、扁圆锉、圆锉等，锉刀的齿纹又分单齿纹和双齿纹两种。这种套装件适应性较强，在加工各种形状和大小的安装孔时尤其适合。

3.3.5　美工刀

美工刀由刀架、可更换和伸缩的刀片组成，为抽拉式结构，常用来切割各种材料和清除电路板、装置外壳等加工后出现的毛边。其结构如图 3-27 所示。

图 3-27　美工刀

美工刀有多种规格，一般以刀片的长度表示。刀柄多为塑料，也有少数金属刀柄，刀片为斜口，用钝后可顺片身的划线折断，出现新的刀锋，方便使用。在多旋翼飞行器制作中，选择刀片长度为 80 mm 的美工刀比较合适。

3.4　焊接及调试工具

在多旋翼飞行器制作中，需要对电子器件进行焊接及调试，常用的焊接工具为电烙铁及其辅助工具，调试工具为万用表。

3.4.1　焊接工具

1. 电烙铁

电烙铁是手工电路焊接的主要工具，通电后，是通过加热电阻丝或使 PTC 元件发热，再将热量传送给烙铁头来实现焊接的。

电烙铁的基本组成如图 3-28 所示。

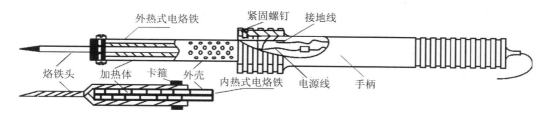

图 3-28 电烙铁的基本组成

常见的电烙铁分类见表 3-11。

表 3-11 常见的电烙铁分类

名称	实物图片	说 明
外热式电烙铁		烙铁头安装在烙铁芯内，用热传导性好的铜为基体的铜合金材料制成。烙铁头的长短可以调整(烙铁头越短，烙铁头的温度就越高)，且有凿式、尖锥形、圆面形、圆形和半圆沟形等不同的形状，以适应不同焊接面的需要
内热式电烙铁		烙铁芯安装在烙铁头的里面(发热快，热效率高达85%～90%以上)。烙铁芯采用镍铬电阻丝绕在瓷管上制成，一般 20 W 电烙铁其电阻为 2.4 kΩ 左右，35 W 电烙铁其电阻为 1.6 kΩ 左右
恒温电烙铁		恒温电烙铁内有磁铁式的温度控制器，可以控制通电时间，实现恒温的目的。在焊接温度不宜过高、焊接时间不宜过长的元器件时，应选用恒温电烙铁，但它价格高
吸锡电烙铁		吸锡电烙铁是将活塞式吸锡器与电烙铁融于一体的拆焊工具，它具有使用方便、灵活、适用范围广等特点。不足之处是每次只能对一个焊点进行拆焊

电烙铁的功率越大，可焊接的元器件体积也越大。业余电子制作时一般选用 16～25 W 的电烙铁比较合适。内热式电烙铁的特点是体积较小、发热快、耗电小，而且更换烙铁头和发热芯子也比较方便。常用的内热式电烙铁的功率和端头工作温度对应关系见表 3-12。

表 3-12 常用的内热式电烙铁的功率和端头工作温度对应关系

烙铁功率/W	20	25	45	75	100
端头温度/℃	350	400	420	440	455

电烙铁在使用过程中，为延长烙铁头的使用寿命，必须注意以下几点：

(1) 经常用湿布、浸水海绵擦拭烙铁头，以保持烙铁头能够良好挂锡，并可防止残留焊剂对烙铁头的腐蚀。

(2) 进行焊接时，应采用松香或弱酸性助焊剂。

2．焊接辅助工具

为了方便焊接操作，常采用斜口钳、镊子和剥线钳等作为辅助工具，如表 3-13 所示。

表 3-13　焊接辅助工具

工具名称	说　　明
烙铁架	用来放置电烙铁，一般下部底盘为铸铁的较好
台灯放大镜	用于照明，并可放大焊点，对检查焊接缺陷非常有用
吸锡器	是锡焊元件无损拆卸的必备工具，和电烙铁配合使用
斜口钳	斜口钳又叫偏口钳，它由钳头、钳柄和弹簧构成。用于焊接后剪掉元器件管脚或线头，也可与尖嘴钳合用，剥导线的绝缘皮。 斜口钳的主要功能跟剪刀差不多，用于剪切，但由于它的刀口比较短和厚，所以可以用来剪切比较坚硬的元件引脚和较粗的连接线等。有的斜口钳刀口处还有小缺口，专门用来剥电线外皮。使用时要注意不能用来剪硬度较大的金属丝，以防止钳头变形或断裂
剥线钳	剥线钳是专门用于剥除电线端部绝缘层的专用工具。使用时要注意将剥皮放入合适的槽口，剥皮时不能剪断导线，切口的槽并拢后应为圆形。所选择的切口直径要稍大于线芯直径，如果切口的直径小于线芯直径，就会切伤芯线，剥线钳也会受到损伤
镊子	有尖嘴镊子和圆嘴镊子两种。焊接中镊子用于夹持较细的导线，圆嘴镊子还可用于弯曲元器件引线，用镊子夹持元器件焊接还起散热作用

3.4.2　调试工具

在多旋翼飞行器制作中，主要使用万用表对电路进行调试。

万用表亦称复用表或多用表，是目前最常用、最普及的工具类电测仪表，利用它可以测量直流电压、直流电流、交流电压、电阻、晶体二极管以及三极管的直流电流放大系数 hFE 等参数。常用数字万用表如图 3-29 所示。

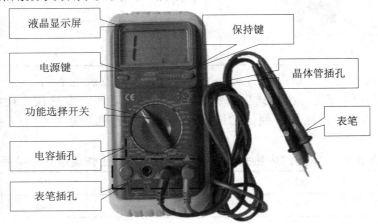

图 3-29　数字万用表

(1) 液晶显示屏。数字万用表是依靠液晶显示屏显示数字来表明被测对象量值的大小。数字万用表的显示位数有 $3\frac{1}{2}$、$3\frac{2}{3}$、$4\frac{1}{2}$ 等几种，它表示了数字万用表的最大显示量程和精度。其中，整数部分数字表示能完整显示(即能显示数字 0～9 中的任一位)的位数；分数部分的分子表示半位显示(即只能显示从零开始至该数字的整数数值)的最高显示数字；分数部分的分母表示满量程计数值，如 2000，3000 等。图 3-29 所示 VC9802 型数字万用表的显示位数是 $3\frac{1}{2}$(最大显示：1999)和一个小数点，每切换一个挡位，小数点的位置会改变。

(2) 按键。图 3-29 所示 VC9802 型数字万用表的面板上有两个按键，一个是电源键，一个是保持键。测量时，按下电源键，万用表内部电源才能接通。VC9802 型数字万用表具有自断电功能，即按下电源键，如果没有进行测量，持续 3 分钟后，即使没有人为弹起电源键，万用表也能够自行断电，再进行测量时，重新启动电源键。

当测量数字变化时，按下保持键，显示的数字保持稳定不变，同时在显示屏的左上角会显示英文大写字符 "H" (HOLD 的首字母)。

(3) 功能选择开关。功能选择开关承担了两个任务，一是选择测量对象，二是选择测量量程。

(4) 插孔。面板上有三种插孔。测试表笔插孔、被测晶体管插孔和被测电容插孔。

(5) 表笔。测量电阻、电压、电流等参数时用来接触被测物。

使用时应注意：

(1) 仪表使用前，应先核对量程开关位置及两表笔所接入的插孔，无误后再接通电源进行测量。严禁在测量高电压或大电流时拨动开关。

(2) 对大小不详的待测量，应先选择最高量程挡试测，然后根据显示结果选择适当的量程。

(3) 测量完毕，应将量程开关拨至最高电压挡，防止下次开始测量时不慎损坏仪表。

3.5　固　定　工　具

在多旋翼飞行器制作中，对飞行器部件的固定，除了螺母和螺栓，还可以使用双面胶带、尼龙搭扣、束线带、热熔胶和螺丝胶等固定工具。

3.5.1　双面胶带

双面胶带是以纸、布、塑料薄膜为基材，再把弹性体型压敏胶或树脂型压敏胶均匀涂布在上述基材上制成的卷状胶粘带，由基材、胶粘剂、离型纸(膜)或者硅油纸三部分组成，如图 3-30 所示。

双面胶带种类很多，有网格双面胶带、高温双面胶带、无纺布双面胶带、PET 双面胶带、泡棉双面胶带等，广泛应用于各行各业的生产过程中。在多旋翼飞行器制作中，常用泡棉双面胶带，它具有密封、减震的作用。

图 3-30　双面胶带

3.5.2　尼龙搭扣

尼龙搭扣是由尼龙钩带和尼龙绒带两部分组成的连接用带织物，如图 3-31 所示。

图 3-31　尼龙搭扣

尼龙搭扣的钩带和绒带复合起来略加轻压，就能产生较大的扣合力和撕揭力，广泛应用于各个行业。可用以代替拉链、揿钮、钮扣等连接材料。尼龙搭扣带采用锦纶做原料，由平纹组织和成圈组织交织而成。钩带用 0.25 毫米直径的锦纶鬃丝成圈，经热定形、涂胶、破钩等处理，获得硬挺直立、不易变形的钩子。绒带用锦纶复丝成圈，经热定形、涂胶处理获得直立、柔软略带疏散性的圈状结构。钩带和绒带复合起来时，硬挺的钩子很容易勾住柔软的绒圈而起搭扣作用。

3.5.3　束线带

束线带也被称为扎带、锁带，设计有止退功能(活扣式除外)，只能越扎越紧，也有可拆卸的扎线带(活扣)。束线带分为金属束线带(一般为不锈钢材料)和塑料束线带(一般为尼龙材料)，如图 3-32 所示。

图 3-32　塑料束线带

束线带具有绑扎快速、绝缘性好、自锁紧固、使用方便等特点，广泛用于电子厂、线材加工厂、电线电缆、日用民居、电工电器、接插件等物品的捆扎。

3.5.4　螺丝胶

螺丝胶又称为螺丝锁固剂或厌氧胶，主要用于电器、电子、航空、机械、汽车工业。凡是有螺丝的地方都会看到它，如图 3-33 所示。螺丝胶广泛用于飞机、船舶、车辆、电子等各种工业用的螺丝钉上。

图 3-33 螺丝胶

螺丝胶在使用时，一般是锁好螺丝将它点在螺母上，让它慢慢固化。一方面使螺丝在作业中不易脱落，另一方面有防锈作用。将来如要修理时，只要再增加 30%的力量即可卸下。也可将胶涂在螺丝上，然后再锁上去，这样效果会更好。正常点胶后约 10 分钟，表面即不沾手，完全固化约需 6～8 小时。使用结束后，用可防止蒸发的容器密封起来，不要置于特别热或特别冷的地方保存。螺丝胶具有可燃性，应放置于安全的地方保存。

3.5.5　热熔胶

热熔胶棒是以乙烯-醋酸乙烯共聚物(EVA)为主要材料，加入增粘剂与其他成分配合制成的固体型黏合剂。具有快速黏合、强度高、耐老化、无毒害及热稳定性好等特点。可用于木材、塑料、金属、电子玩具、电器元器件等的互粘。

热熔胶枪是用来加热熔化热熔胶棒的专用工具，热熔胶枪内部采用 PTC 陶瓷发热元件，并有紧固导热结构，当热熔胶棒在加热腔中被迅速加热熔化为胶浆后，用手扣动扳机，胶浆从喷嘴中挤出，供粘固用。热熔胶棒和热熔胶枪如图 3-34 所示。

图 3-34　热熔胶棒及热熔胶枪

第 4 章　多旋翼飞行器部件选择

　　本章将介绍多旋翼飞行器部件的选择。为使读者深入了解多旋翼飞行器的组成，从机架、动力系统、遥控设备和飞行控制系统等方面向读者介绍了多旋翼飞行器各个部件的选择原则。

4.1　机架的选择

　　机架是整个飞行系统的飞行载体，是多旋翼飞行器不可或缺的部件。在选择或者制作多旋翼飞行器时，首先考虑的是机架。因为机架的轴数、轴距决定了飞行器的最大拉力。要选择一个好的机架需要了解机架的组成、种类和选择原则，并明确自己的需求，进而选择适合要求的机架。

4.1.1　机架的组成

　　机架通常由中央机架、外伸臂、分电板、载荷区和起落架组成。

1．中央机架(上中心板)

　　中央机架是多旋翼飞行器的主要结构，各个外伸臂都连接在中央机架上，这部分结构经常用玻璃钢或碳纤维复合材料来制作，如图 4-1 所示。在选购飞行平台时，要确保它有足够的空间，能装下所需的各种设备(包括飞行控制系统、遥控接收机、遥测通信链路设备等)。有些多旋翼飞行器的机身设计了多层机架以提供更大的装载空间，满足不同的需求，这种机架称之为层叠机架。

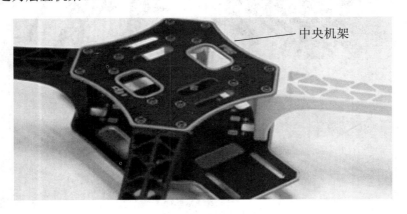

图 4-1　中央机架

2．外伸臂

多旋翼飞行器的外伸臂用于安装各个电动机，如图 4-2 所示。外伸臂有塑胶、玻璃钢或碳纤维等各种材质，这与机体材料有关。图 4-2 所示外伸臂为塑胶材料。大部分外伸臂采用方形截面或圆管形截面，对于小型飞行器机身，其外伸臂则采用平板结构或其他塑料结构(通常多见于微型四旋翼飞行器上)。有些多旋翼飞行器的外伸臂是可以折叠的，便于存储和运输。

图 4-2　外伸臂

在多旋翼飞行器上使用最结实的外伸臂固然很好，但这也将显著增加机体的质量，反过来对飞行时间造成了负面影响。在选购飞行器机身时，制造商通常会告知顾客机身能够轻松支撑的最大起飞质量，通过这些就可以知道外伸臂强度以及飞行器能够有多大载重量等信息。

3．分电板(下中心板)

多旋翼飞行器拥有多个电动机和电子调速器(ESC)，如果要将它们用焊接的方法与动力电池连接起来，那将相当复杂和麻烦，且布局凌乱不堪。正因为这个原因，很多机体都在中央机架上附带了一块分电板(PDB)，这使得驱动各种机载设备和电动机的过程大大简化，如图 4-3 所示。

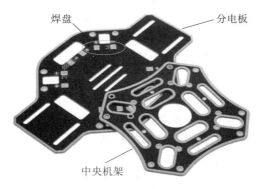

图 4-3　分电板

一些分电板还具有一些额外的功能，有的包含了一个电压调节器，可以将动力电池 12 V 的电压转换为 5 V，这 5 V 的电压可以直接驱动无人机上的机载设备，诸如 FPV 的传动机构、云台和相机等。其他的功能包括在遥控接收机和飞行控制系统之间提供了接口，这使得全机的线束布置更加整洁有序。

选购分电板时，还要确认一下分电板的额定电流，将这个额定值与各个动力电动机的电流之和相比较，确保相互匹配。或者可以使用常用的经验方法，那就是将多旋翼飞行器上所有用到的电子调速器的电流值加起来，例如，如果四旋翼飞行器上使用了 4 个 20 A 的电子调速器，那么所需要的分电板的额定电流值就应该有 80 A。但是实际上，由于各个电动机和电子调速器不可能总是在最大状态下工作，因而在分电板上通过的电流值远远小于这个值。因此，最好是使用电动机的实际电流值，电动机的说明书会提供这个数值。

4．载荷区

如果打算在多旋翼飞行器上装上诸如相机和云台这样的设备，那么就要在飞行器上为其留出安装空间。有些机身在设计时，将动力电池布置在中央机架的下方，因此如果想在这种机身上既装电池又装云台，将会很麻烦。

另一种设计是将动力电池布置在中央机架的上方，这样就将下方的空间解放出来，可以方便地在多旋翼飞行器的机身下方安装云台或其他设备。有时也会见到一些机身设计，它们使用的是载荷臂来安装设备，这种载荷臂通常由两根水平固定的管子组成。

5．起落架

起落架就是飞机的腿脚。对于多旋翼飞行器来说，起落架通常用于保护装在飞机下部的设备诸如相机等在着陆时不被损坏，如图 4-4 所示。这些起落架大部分是固定式的，但也可以安装可收放式的起落架。

图 4-4　起落架

在选购起落架时，需要考虑起落架的离地间隙和接地面积。

(1) 离地间隙。当打算在多旋翼飞行器上安装诸如相机这样的设备时，就需要考虑起落架能提供多大的离地间隙，确保设备有足够的离地间隙，不被损坏。

(2) 接地面积。根据降落场地表面类型的不同，还要考虑起落架的接地面积。例如，降落场地非常柔软，有些起落架就没有足够的接地面积，多旋翼飞行器会陷入地表之中(雪地就是最极端的例子)。正因如此，很多多旋翼飞行器操控手在起落架上加装了泡沫软管，就是为了增加起落架的接地面积。

4.1.2　机架的分类

1．按材质分类

机架的重量决定了整个飞行器的基础重量，从而间接影响了飞行器的载重和飞行时间。而这些主要由机架的材质决定，按材质分类，机架有塑胶机架、玻璃纤维机架、碳纤维机架和铝合金机架等几种。

(1) 塑胶机架。塑胶机架其材质为塑胶。主要特点是具有一定的刚度和强度，同时又有一定的可弯曲度。适合初学者的摔摔打打，相对来说较为廉价。

(2) 玻璃纤维机架。玻璃纤维机架强度比塑胶机架强度要高。因为其强度较高，所以常常制作为长长的管道形，而且需要的材料很少，减少了整体机架的重量。

(3) 碳纤维机架。碳纤维机架刚度和强度较好，相较于玻璃纤维机架重量更轻，但价格比玻璃纤维机架贵一些。碳纤维机架受力过大不会发生形变而是直接断裂，所以损坏后基本无法修复，只能更换。

(4) 铝合金机架。铝合金机架价格便宜、坠机时不易摔坏，适合初学者入门使用。对于有些动手能力强的读者，可以尝试使用现成的工具制作出特定的机架。

2. 按轴距大小分类

轴距是指多旋翼飞行器机架上对称两轴电动机中心孔的距离，一般用来表示飞行器的大小。轴距决定了能使用螺旋桨的最大直径，轴距越大，可以使用的螺旋桨直径越大。常见的有 250 mm、450 mm、550 mm 等轴距。例如，市场上的风火轮系列机架 F330、F450 以及 F550 型号中的数字就表示轴距大小，即 F330 表示这个机架的轴距为 330 mm。

4.1.3　机架的选择原则

1. 机架的选择原则

选择机架时，需要从以下几个方面去考虑机架的选择。

(1) 外观。是否需要一个漂亮的外观？普通的外观人人都能做出来，但商业化的产品在外观上应该要有所突破。

(2) 轴数。轴数越多代表电动机越多，电动机能提供的最大拉力也越大，飞行器最大起飞重量也越大。轴距越大螺旋桨直径越大，螺旋桨直径越大，提供的拉力越大。轴数和螺距与飞行器最大起飞重量都成正比。

(3) 材料。机架在保证飞行器强度要求下，重量越小越好。机架材料决定了飞行器的重量。

(4) 安装的简易度。对于初学者，可以找些安装简单的机架，使精力集中在调试等更为重要的地方，如果机架上面不能很容易地固定各个组件，机身就算很酷，又有什么用？

(5) 价格。这是一个最实际的问题，也是最需要考虑的问题。首先，制作飞行器本来就是一个很花费财力的事情，只有精打细算才能以最少的资金完成最好的设计。

(6) 强度。多旋翼飞行器在操作过程中会经常坠机(它们经常在电量耗尽或者技术故障发生之后撞上地面)。机架的强度决定了飞行器上各部件的寿命。

(7) 重量。在飞行中重量是一个重要的问题，电动机的升力会被机身重量抵消。飞行器每增重 1 克都会给电动机带来很大的影响。每增加 1 克重量，都必须靠电动机增加转速，才可以让飞行器飞起来。

从上面几个问题综合考虑，根据个人的不同需求，可以选择出适合自己的机架。

2. 常见成品机架

多旋翼飞行器的机架繁多，可以自制，也可以购买成品机架。成品机架是已经制作完成的机架，包括了各种螺丝孔、安装飞行控制系统和其他设备的平台。这时候只需要将各种设备连接，并拧上螺丝即可进行调试。成品机架大大方便了多旋翼飞行器的安装过程。这里就简单介绍两种，一种是 F450 机架，另一种是碳纤维的 X550 机架。

1) 大疆风火轮系列 F450 机架

大疆风火轮 F450 机架如图 4-5 所示。这是大疆公司为了满足大多数航模爱好者的需求而开发的一套机架，其力臂采用 PA66 + 30GF 高强度材料制成，选用两种不同颜色，具有醒目、耐摔、耐撞击的特点。机架配备高强度复合 PCB 电路板，设计好相应电路，使电子调速器、电源等连线更加快捷、安全。机身采用优化设计，为各种飞行控制系统及配件提供充足的安装空间。

2) 碳纤维 X550 机架

X550 机架如图 4-6 所示。X550 的悬臂采用了管式结构，固定时要注意固定牢固，否则容易发生旋转，使螺旋桨方向改变。同时，在线路的布局和飞行控制器、电子调速器和接收器的安装上需要下一番工夫。因为碳纤维机架看起来比较细小，所以可以固定设备的空间就显得少了。不过因为碳纤维机架质量较轻，这样对于动手能力强的读者就可以发挥自己 DIY 能力，给飞行器做一个漂亮的外壳。这样，不仅可以保护一些设备，还可以起到美观的作用。

图 4-5　F450 机架

图 4-6　X550 机架

4.2　动力系统的选择

在多旋翼飞行器中，电动机、电子调速器(电调)、螺旋桨和电池组成了飞行器的动力系统。

4.2.1　电动机

电动机(Electric Machinery)是多旋翼飞行器的动力来源，可以通过改变电动机的转速来改变飞行器的飞行状态。

1. 电动机的分类

在多旋翼飞行器中常用的电动机是直流电动机，直流电动机可以分为有刷电动机和无刷电动机。

1) 直流有刷电动机

直流有刷直流电动机的定子上安装有固定的主磁极和电刷，转子上安装有电枢绕组和换向器，结构如图 4-7 所示。

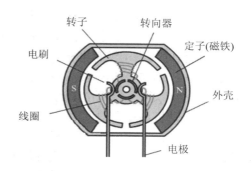

(a) 直流有刷直流电动机外观　　　　　(b) 直流有刷直流电动机内部结构图

图 4-7　直流有刷电动机结构图

从图 4-7 可知，直流有刷电动机的线圈部分是转动的，为了保证转动的过程中线圈能导电和换向，要用电刷通过与绕组上的换向器接触，让电动机得以转动。

直流有刷电动机的优点：低速扭力性能优异、转矩大，价格便宜，干扰小。

直流有刷电动机的缺点：效率低、噪音大、易发热、寿命短、维护麻烦、干扰大。

另外，多旋翼飞行器上很少使用直流有刷电动机，但在一些微型多旋翼飞行器上，可以使用空心杯有刷电动机。传统的有刷电动机转子是由线圈绕在铁芯上组成，而空心杯电动机去掉了铁芯，转子由一个线圈编织成的笼子组成。这种电动机优点是重量轻、转动惯量大幅降低而响应快、能量转换效率高。

2) 直流无刷电动机

目前用于无线电遥控多旋翼飞行器动力系统的主要是直流无刷电动机，这种电动机质量轻，并能提供足够强劲的动力。简单来说，直流无刷电动机包括一个定子和一个转子，如图 4-8 所示。

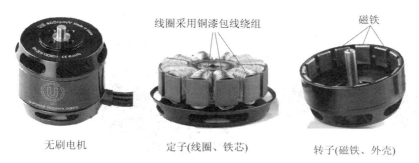

无刷电机　　　　　定子(线圈、铁芯)　　　　　转子(磁铁、外壳)

图 4-8　直流无刷电动机(外转子)

从图 4-8 可知，直流无刷电动机的定子包含多个以辐射方式排列的线圈，铜线缠绕在铁芯上形成了一簇电磁铁。依照电动机特性的不同，电磁铁/线圈以某种特定的方式进行缠绕并相互连接。

转子包含有磁铁，围绕电动机外壳的内壁进行排列。为了将电动机旋转起来，需要三组线圈加上无刷电调，通过不断改变线圈的电流方向来产生变化的磁场，从而驱动磁铁转子不停转动，这就是直流无刷电动机需要三根线进行连接的原因所在。

(1) 直流无刷电动机的优缺点。

直流无刷电动机的缺点：需要无刷电子调速器一起才能工作，价格比有刷的要高；可靠性受电子零件影响，或者传感器受到干扰电动机会失效。

直流无刷电动机的优点：没有电刷和转向器的摩擦，噪音低、振动少，发热少、寿命长；不需要更换电刷，维护简单；没有电刷产生的火花，干扰少；转矩特性优异，中、低速转矩性能好，启动转矩大，启动电流小。

(2) 直流无刷电动机调速原理。

直流无刷电动机的运转速度和电动机所加直流电源电压值的大小有关，但实际应用过程中，并不是通过调节直流电源电压来进行调速的。一般情况下，会采用调节三相全桥驱动电路中上桥臂或者下桥臂功率开关管导通信号的占空比，以改变直流电源加在电动机上的直流电压，进而实现对速度的控制。

多旋翼飞行器采用的是无线控制方式，所以对电动机的调速也需要采用无线通信的方式来调节功率开关管导通信号的占空比。通常情况下，有三种通信方式，即 PPM 信号、TWI 总线和串口信号。PPM 信号是遥控模型中比较通用的信号格式，在多旋翼飞行器电动机控制板中需要安装 PPM 信号的接收装置，通过它检测收到信号的占空比来获取指令。当改变发出的 PPM 信号的占空比时，电动机的转速也就随之改变。发出的 PPM 信号的频率也是很关键的因素，因为真正起到调节电动机速度作用的是信号的脉宽，也就是导通时间。

2．直流无刷电动机参数及特性

1) 电动机型号

通常购买的直流无刷电动机的型号是一串 4 位数字，有时后面跟着另外两个字符数字串。这些数字不是随意标的，而是定义了电动机的一些特性。目前，对于电动机型号的命名还没有统一的标准，但一般来说，开头的 4 个数字代表电动机的物理尺寸。前两个数字代表整个电动机定子的直径，后两个数字代表整个电动机定子的高度，不同的厂商有不同的定义，如图 4-9 所示。

图 4-9　电动机尺寸定义

例如，某电动机型号是 2212，表示定子外径是 22 mm，定子高度是 12 mm。定子外径和定子高度与电动机的功率成正比，2218 的电动机比 2212 的定子高度高，肯定是功率同样也大。这个尺寸的意义在于看型号就可以比较两个电动机的功率大小，但这个一般只是比较定子外径相同而高度不一样，或者高度一样而外径不一样，定子外径和高度都不一样的很难通过型号比较功率大小。

需要注意的，此尺寸是指电动机定子的尺寸，不是指电动机外形尺寸，电动机壳的厚度、散热槽形、底座高度等都影响电动机外形尺寸，因此用定子尺寸做功率的判断比用外形尺寸要标准和靠谱。

2) 电动机 KV 值

电动机型号上另一个重要的参数就是 KV 值。KV 值定义为"转速/伏特"，意思为输入电压增加 1 V，无刷电动机空转转速的增加值。例如：1000 KV 电动机，外加 1 V 电压，电动机空转时每分钟转 1000 转，外加 2 V 电压，电动机空转就 2000 转。从这个定义来看，电压与电动机空转转速是遵循严格的线性比例关系的，并且是常量，无论电动机在哪个工作电压，电压和转速的关系都遵从这一关系。注意这里的 KV 值不要与千伏(kV)混淆，它们不是一码事。

通常情况下，低 KV 值的电动机旋转速度慢(但通常会有较大的扭矩)，高 KV 值的电动机旋转得更快。低 KV 值电动机采用较细的电线绕组，因而加载的电压更大，电流更小，这就意味着旋转得更慢，但会产生更大的功率/扭矩。高 KV 值电动机采用较粗的电线绕组，线圈数也少一些，这意味着较低的电压可承载更大的电流，这就使得电动机旋转得更快，但扭矩较小。高 KV 值电动机适用于较小尺寸的螺旋桨。KV 值对电动机性能影响如表 4-1 所示。

表 4-1　KV 值对电动机性能影响

	高 KV 值	低 KV 值
定子线圈绕线匝数	少	多
最高输出电流	小	大
相同电压下扭矩	小	大
相同电压下转速	高	低
匹配螺旋桨直径	小	大

单从 KV 值，无法评价电动机的好坏，因为不同 KV 值有适用的不同尺寸的桨。

3) 电动机构型

多数外转子无刷电动机都采用 12N14P 构型。电动机的构型参数表明其定子上有多少个电磁线圈，以及转子上有多少个磁铁。字母 N 前面的数字代表定子上电磁线圈的数量，称为电动机槽数。字母 P 前面的数字代表转子上磁铁的数量，称为电动机极数。由于无刷电动机是三相电动机，磁铁是南北极成对使用，因此电动机槽数是 3 的倍数，电动机极数必然是偶数，如图 4-10 所示。

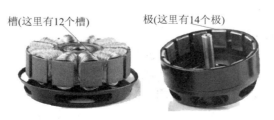

图 4-10　电动机槽数和极数

一些特制的低 KV 值多旋翼飞行器用的电动机拥有较多数量的电磁线圈和磁铁，这样电动机能够产生更大的扭矩，效率也更高。然而，由于有更多的电磁线圈，其价格也会更高一些。

　　无刷电动机的槽数和极数都与电动机最高转速成反比，即槽数(极数)越小，电动机的最高转速越高(如 9N12P 的最高转速比 12N14P 高)；在槽数相同的情况下，极数与扭力成正比，极数越大，扭力越大；一般情况下，槽数和极数越大，电动机顿挫感越小，电动机振动也越小。

　　4) 外转子与内转子

　　无刷电动机有两种主要的类型，即根据定子的位置，可以分为外转子和内转子。外转子电动机的旋转部件在外部，因此而得名，图 4-8 所示为典型的外转子电动机结构。相反，内转子电动机的旋转部件在电动机的内部，而外面的部分保持静止不动。内转子的磁铁与轴相连，电磁铁安装在外壳的内部，这与外转子电动机刚好相反，如图 4-11 所示为内转子电动机结构。

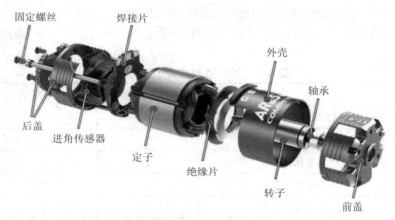

图 4-11　内转子电动机结构

　　外转子扭矩比较大，KV 值低，可以使用较大的螺旋桨，因此它几乎是多旋翼飞行器或固定翼飞行器上应用的专属部件。

　　内转子电动机主要用于遥控汽车模型。内转子电动机中较重的磁铁在旋转部件上，并靠近中心，这意味着它不能产生较大的扭矩。这就使得内转子电动机可以旋转得更快，更适合在一些专门的无人机上应用，如涵道风扇发动机，它的桨叶比较短，需要非常快速的旋转来产生所需的推力。这种高转速的能力使得内转子电动机在无线电遥控汽车模型上使用更加广泛。

　　3. 直流无刷电动机的选择

　　多旋翼飞行器常用的电动机品牌有朗宇、新西达、亚拓、蝎子、浩马特、花牌、银燕等，各品牌电动机型号和参数是有差异的，在选择时要综合考虑。

　　初学者在选择电动机时应考虑以下因素。

　　(1) 外观。优质的电动机首先会带给人外观很细致、完美的感觉。这种美感不是简单的漂亮、艳丽，而是一种机械产品的美。选购时须注意几点：轴系抛光精细、无偏心、无跳动；铝制框架加工细腻，无明显刀痕，表面阳极化色泽均匀，无划伤磨损；硅钢片层薄、层之间贴合紧密、边缘无毛刺，无锈蚀；引出的导线线径满足要求等。

(2) 重量。对于多旋翼飞行器整体而言，必须"为减轻每一克重量而奋斗"。尽管很多电动机为了减轻重量还在外壳上开了尺寸较大的减重孔，但建议使用者在选购时挑重量大一些的电动机(与同级别电动机比较)。一方面，电动机重量大，说明其在铝制框架、转子外圈、磁钢、轴承等方面的用料不会太"节省"，能够保证强度、减小发生坠机事故时电动机受损的概率。另一方面，绕组线圈是电动机重量的重要组成，也是影响电动机质量的关键。绕组线圈的最佳材质是无氧纯铜耐高温漆包线，但由于铜材的价格远远高于铝材，且无氧纯铜导线更是比一般杂铜导线贵，因此有些不良厂家为了节约成本，可能会减少绕组、用普通漆包线代替无氧铜芯漆包线，甚至用铜包铝芯漆包线、镀锡铝芯漆包线代替纯铜漆包线。因此，在尺寸相同的情况下挑选重一些的电动机，可以减小其绕组线圈"掺假"的可能性。

(3) 手感。用手以动力输出轴为中心转动电动机，发出的声音应当节奏干脆、无摩擦生涩感。这里需要注意，大部分内转子无刷电动机由于绕组结构里没有铁芯，因此在转动它时无论磁钢的磁性有多大，都不会发出有节奏感的声音。

(4) 考虑品牌因素。不同品牌的电动机，性能是有差异的。在选电动机之前，应比较各品牌电动机的性能参数和性价比，选择最合适的电动机。不要选择没有参数表的电动机。

(5) 考虑飞行器的运动和抗风。电动机的最大总推力应是起飞重量的 1.5 倍以上。

4.2.2　电子调速器

对于不同的电动机可以将电子调速器分为有刷电子调速器和无刷电子调速器，分别针对有刷和无刷电动机的使用。在多旋翼飞行器中使用的是直流无刷电动机，下面主要介绍无刷电子调速器。

1. 电子调速器的作用

电子调速器是用于控制无刷电动机的设备，如图 4-12 所示。直流无刷电动机的电子调速器通过将指定时序的电能发送给电动机，从而使得电动机能够以需要的速度进行旋转。

图 4-12　电子调速器

直流无刷电动机是有三根输入电源线的三相直流电动机，每一根电源线连接环绕在电动机上的特定数量的定子，其中的每一组定子称为"相"。电子调速器给电动机的每一相发送信号，以一定的时序来激励电磁线圈使电动机旋转。这些都是通过电子调速器里的一个微控制器进行控制的。电子调速器还有三根信号线输出，用来与飞行控制系统连接，控制电动机的运转。

综上所述，电子调速器有以下作用。

(1) 电子调速器最基本的功能就是通过飞行控制器给定 PWM 信号进行电动机调速。

(2) 电子调速器为遥控接收器上其他通道的舵机供电。

(3) 电子调速器为飞行控制器供电。

(4) 电子调速器充当换相器的角色，因为无刷电动机没有电刷进行换相(直流电源转化为三相电源供给无刷电动机，并对无刷电动机起调速作用)，所以需要靠电子调速器进行电子换相。

(5) 电子调速器还有一些其他辅助功能，如电池保护、启动保护、刹车等。

2．BEC(免电池电路)

有些电子调速器已经自带免电池电路，这个电路简称为 BEC(Battery Eliminate Circuit)，即带有 BEC 的电子调速器能够输出恒定的电压，为无线电遥控设备如接收机、飞行控制器等提供电能。

图 4-13 所示为一个带 BEC 功能的电子调速器，可以看出，一个电子调速器包括三根与电动机的连接插头，两根为它供电的电源输入接口，还有一根插头用于从飞行控制器上获取信号。如果电子调速器有一个自带的 BEC，那么这个插头还能输出 5 V 的电压，可为飞行控制器这样的电子设备供电。使用带 BEC 功能的电子调速器驱动较多数量的电动机，或其他需要较大功率的专门设备时，需要检查一下 BEC 的参数，它通常有一个输出电流的最大值。如果机载设备使用的电流超过了 BEC 所能提供的电流，就可能会造成多旋翼飞行器坠毁。

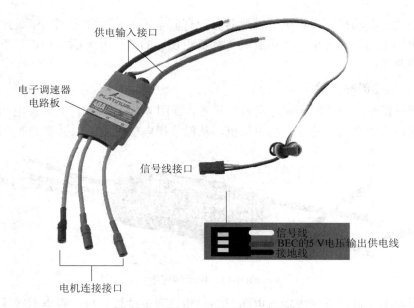

图 4-13　带 BEC 功能的电子调速器

免电池电路通常分为线性 BEC 和开关 BEC。

1) 线性 BEC

多数便宜的电子调速器采用线性稳压电路将电压降到 5 V，额外的能量通过热能释放掉。线性 BEC 的优点是线路简单体积小，电源输出纹波电压小，对外干扰低；缺点是转换效率不高(效率一般只有 65%～70%，无形中减少电池对电动机的输出功率)，稳压管温度高，输出电流小(1～2 A)。

2) 开关 BEC

为避免线性 BEC 的缺点，有的电子调速器使用的是开关 BEC，即 SBEC，不存在热量耗散问题。开关 BEC 使用开关电源进行稳压，优点是转换效率高(90%以上)，温度低，输出电流大(3～5 A)；缺点是元件数量体积比线性稳压要大得多，还有高频开关会产生电磁干扰，并且电源输出纹波电压较大，对用电设备有一定影响(如飞行控制器或无线电遥控接收机)。由于飞行器电子设备对电流要求越来越大，开关式的 BEC 较为常见，并且电池 4S 电压以上的也是要用开关 BEC。

为了避免任何可能的干扰冲突，一些电子调速器通过光隔离器与主电源电路进行隔离，以确保电动机电路的噪声不会对其他设备产生影响。这种电子调速器通常称为 OPTO ESC，它没有内置的 BEC，也不会向飞行控制器或无线电遥控设备供电。多旋翼飞行器有多个电子调速器与飞行控制器连接，因此，OPTO ESC 调速器在多旋翼飞行器上尤为常见。多旋翼飞行器如果使用自带 BEC 的电子调速器，每个电子调速器都在给飞行控制器供电，会造成相互干扰，影响飞行控制器的工作。如果手头只有自带 BEC 的电子调速器，常用的经验做法就是只留一路供电线路，将其他的供电线路都断开，以便只有一个电子调速器能够为飞行控制器或无线电遥控设备供电。

并不是所有的电子调速器都带 BEC 功能，选择电子调速器的时候要看清楚。使用不带 BEC 功能的电子调速器但又要为电子设备供电时候，可以用外置的 UBEC 或者电源模块。

3. 电子调速器主要参数

1) 持续输出电流

持续输出电流是指电子调速器能持续输出的最大电流(A)。电动机最大的输入电流不能大于这个持续输出电流，否则会烧掉电子调速器。例如，电动机在全油门下需要 18 A 的电流，匹配的电子调速器的持续输出电流要大于 18 A，考虑到余量安全性，建议选择加 30%以上的电流，建议选择 25～30 A 持续输出电流的电子调速器。选择持续输出电流不要太大，太大会浪费电子调速器的能力，并且持续输出电流越大的电子调速器价格越贵、也越重(飞行器每克重量都很宝贵)。

2) 瞬间电流

瞬间电流是指在短暂时间内能输出的最大电流。如 40A/10 秒，超过这个短暂时间继续以这个电流输出的话，会损坏电子调速器。瞬间电流能持续的时间有限，在这个电流下不能长期工作。

3) 输入电压

输入电压是指电子调速器正常工作的电压。输入电压通常会用电池节数来表示，如 2～6S 锂电池，或者 5～18 节镍氢/镍镉电池。使用时需确保电子调速器在有效工作电压范围内。

4) BEC 输出

支持 BEC 的电子调速器除了标明是线性 BEC
还是开关 BEC 外,还会标出输出电压及对应的电流,
如 5.25 V/3A。内置 BEC 的输出电压可以通过软件
在 5.25 V 和 6 V 之间切换。图 4-14 所示为一个标明
主要参数的电子调速器,可以看出电子调速器的持
续输出电流为 120 A,输入 2～6 S 锂电池,最大输
入电压 25.5 V,具有 BEC 功能,BEC 的输出电压及
对应电流为 5.5 V/4 A。

图 4-14　带有参数标示的电子调速器

4．电子调速器编程

所有的电子调速器都有一系列参数,为了获得更好的性能,绝大部分电子调速器支持
参数调整,即电子调速器编程。常用的电子调速器编程方法有以下三种。

1) 音调编程

音调编程是指采用乐音编程菜单,通过使用音频音调来改变电子调速器不同的参数。
以好盈科技公司的 Platinum-30A-OPTO 电子调速器为例,进入音调编程菜单的方法是:开
启遥控器,将油门杆打到最高点,遥控器发送一个高信号指令;电池插入电子调速器,电
动机鸣叫"♪123"提示音,表示上电正常;等待 2 秒,电动机鸣叫"哔—哔—"提示音;
再等待 5 秒,电动机鸣叫"♪567i2"特殊提示音,表示已经进入编程模式。

当电子调速器进入编程模式,它将按照选择的菜单发出一系列的"哔哔"声响,具体
的音调由电子调速器生产厂商指定,通常其使用手册上会提供一张表,告诉不同的"哔哔"
声响序列代表什么意思。

2) 编程设定卡编程

编程设定卡是一种可以进行可视化参数设置的设备,
参数写入存储卡后,将存储卡插入电子调速器,即可一次
性完成设置,对于有好几个电子调速器的多旋翼飞行器来
说,这是非常快的一种编程方法。编程设定卡通常有一些
LED 灯,根据所选择的设置项而分别点亮。一旦完成了
所有的设置,所要做的仅仅是按一下"OK"键就可以将
参数保存到电子调速器中。图 4-15 所示为编程设定卡。

图 4-15　编程设定卡

3) USB 编程

将电子调速器通过 USB 与台式电脑或笔记本电脑连接,通过软件来进行编程,这称为
USB 编程。通过 USB 编程可以准确地设置你想设置的任何参数,并且支持这种方法的电子
调速器还会允许对新发布的固件版本进行升级。

需要注意的是,对电子调速器编程前,一定要确保已经将所有的螺旋桨从飞行器上拆
除,以免螺旋桨突然旋转起来产生伤害,或者损坏周围的其他设备。

5．常用电子调速器参数设置

大多数电子调速器的使用手册上已经给出了详细的电子调速器参数设置,因此这里就
不再赘述,只是简单介绍每一个设置的用途及它们各自的含义。

1) 刹车设置

不具有刹车功能的电子调速器，油门关闭后，电动机还有惯性转动。开启刹车功能后，油门关闭后，电动机迅速停止。电子调速器可以设置无刹车、软刹车、重刹车和很重刹车等状态。刹车功能在电子调速器上通常默认是不开启的。对于多旋翼飞行器最好是保持关闭状态，除非所用的电子调速器和飞行控制器支持主动刹车，这样能够提高多旋翼飞行器的稳定性。

2) 低压保护

在监控到电池低于某个电压时候，电子调速器需要做出特定的动作(如降低输出功率或者立即切断输出)，起到避免电池过放作用。当电池电压过低时，有些电子调速器将停止给电动机提供电能，以便为其他设备(如无线电遥控接收机、飞行控制器)储备电能。这对于固定翼飞行器是非常理想的，但并不适用于多旋翼飞行器。对于固定翼飞行器，可以设置为硬切断，这样当电池电压过低时，电子调速器将立即切断电动机的供电。对于多旋翼飞行器，最佳的选择就是设置软刹车，这样能逐渐地降低供给电动机的电源输出，飞行器就能平缓地降落到地面上。

3) 低压保护阈值

设定电池的引发电压保护器作用的电压值。建议设置好这个值，最大限度保护电池，避免过放，延长电池寿命。

例如当设定为 LiPo 电池时，电子调速器根据锂电池节数自动计算出整个电池组的低压保护阈值。对于普通电压电子调速器(支持 2~6 节锂电)，低/中/高情况下每节锂电池的截止电压分别为：2.85 V/3.15 V/3.30 V(如使用 3 节锂电，设定为中截止电压，则该电池组低压保护阈值为：3.15 × 3 = 9.45 V)。对于高压电子调速器(支持 5~12 节锂电)，低/中/高情况下每节锂电池的截止电压分别为：2.75 V/3.00 V/3.25 V。

4) PWM 频率

PWM 频率通常默认设置为 8 000 赫兹或 12000 赫兹。如果提高这一设置参数，电动机会运行得更加高效，但会使得电子调速器产生更多的热量，因为其电流会以更快的速度进行切换。如果提高了 PWM 频率，最好将电动机装上螺旋桨后在地面运行 5 分钟，检查一下电子调速器或电动机是否会过热，如果没有问题再进行实地飞行。

5) 锂电节数

设置自动判断电池节数，还是手工指定电池节数。在电压低的时候自动判断可能会出现差错，建议手工指定电池节数，提高安全性。

6) BEC 电压

设置 BEC 输出电压。

6. 油门行程设置

在对电子调速器设置的过程中有一项重要的步骤，就是将电子调速器与遥控发射机进行校正。校正的过程，就是将电子调速器油门行程与输入刚好匹配，以便油门输入最大时，电子调速器也相应地将最大功率输出给电动机。图 4-16(a)所示是一个未校正的电子调速器示例，可以看到电子调速器的油门行程与遥控发射机的油门行程并未匹配得很好。图 4-16(b)

是校正后的电子调速器示例，此时输入(遥控发射机)的油门行程与输出到电动机的油门行程相一致。

在图 4-16 中横线上有两个括号，上面的括号代表电子调速器的油门行程，下面的括号代表从无线电遥控发射机发出的输入信号。出厂的电子调速器通常随意地设置了油门行程，但由于每个无线电遥控发射机的输出信号都有所不同，二者可能不会完全吻合，就如图 4-16(a)中所示没有校正的电子调速器那样，可能会导致油门杆在最低位置时电动机还在转，或者油门没推到最高位置时电动机已经是最大转速。从图 4-16(a)看出，如果电子调速器没有进行校正，遥控发射机油门的最大输入值约是 1900，但电子调速器的最大值并不是此值，而是 2000。

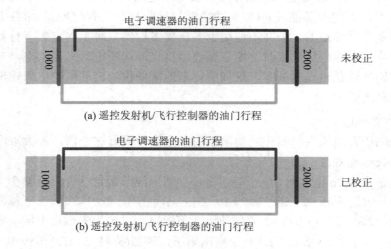

图 4-16　油门行程校正

不同厂商的电子调速器校正油门航程的方法不一样，大致校正方法如下。

首先是将无线电发射机打开，将油门杆推到最大位置，然后将电子调速器接上电池。电子调速器将启动并发出启动音调，随后发出一个或两个"哔"声(根据电子调速器的不同而不同)。此时，电子调速器将记录来自发射机的最大油门值。两声"哔"之后，将油门杆拉到最小值。电子调速器将记录最小的油门值，并发出一个长的"哔"声，表明已经记录完毕，完成校正过程。

对于多旋翼飞行器，要确保所有的电子调速器都进行了相同的校正设置。如果校正设置正确，放置在地面上，所有的电动机都能够同时启动旋转。如果没有同时启动，那说明电子调速器校正还存在问题，应当重新进行校正。

7．反转电动机的旋向

对于多旋翼飞行器来说，当电子调速器与电动机连接后，电动机电源线的连接顺序决定了电动机按照某一特定的方向旋转。如果电动机旋转方向错误，只需要将两根电源线交叉连接一下就可以将方向反转过来，有些电子调速器可以通过参数设置来改变电动机的旋转方向。

对于直流无刷电动机，其与电子调速器的连接并没有什么特殊的顺序，即使电子调速器和电动机线插错了次序也不会产生什么损坏，连接的顺序只是影响电动机旋转的方向。

8．其他电子调速器

1）多合一电子调速器

多旋翼飞行器每个电动机需要一个电子调速器，每个电子调速器都有电源输入、电源输出和信号线，这样不仅布线麻烦，而且增加了机体重量。多合一电子调速器集成多个电子调速器在一起，电源输入只需要一组(如四旋翼飞行器，能省 6 条电源输入线和香蕉插头)，可以简化布线，减少插头，减轻机体重量。如图 4-17 所示为四合一电子调速器。

图 4-17 所示为四合一电子调速器

多合一电子调速器的缺点是其中一个电子调速器损坏，整个电子调速器都要更换，更换成本高。多合一电子调速器适合重量控制严格、可靠性要求高得多旋翼飞行器。

2）电动机电子调速器二合一电子调速器

把电子调速器整合在电动机里面，可以最大限度简化布线和减轻重量，最优地实现电动机与电子调速器的匹配，使电动机性能和可靠性提高。如多旋翼飞行器使用电动机电子调速器二合一电子调速器，可节省的重量相当可观。电动机电子调速器二合一的缺点是一旦任何一个部件损坏就等于电动机和电子调速器都需要更换。此二合一电子调速器适合技术成熟且对重量要求严格的飞行器。如图 4-18 所示为电动机电子调速器二合一电子调速器。

一组信号线

两条电源输入线

图 4-18 电动机电子调速器二合一电子调速器

9．电子调速器的选择

电子调速器的品牌主要包括好盈、花牌、凤凰、中特威、银燕等。初学者在选择电子调速器时应考虑以下因素。

(1) 选择有说明书的产品。多数电子调速器不具备"装机即用"的傻瓜模式，其很多参数需要合理设置才能与电动机良好配合，发挥系统的效率。而由于目前没有统一的标准规范，因此不同型号电子调速器的设置方式就可能不一样。购买有说明书的电子调速器产品，使用者就可对照它进行细致、准确地设置了。

(2) 选择有完善包装的产品。电子调速器属于体积小、功率大、功能多的电子产品。为了解决小体积和大功率的矛盾，贴片元件已被广泛用于电子调速器的电路上。这些元件通常很细小，完善的包装能够保证电子调速器在运输途中不会因外力或外界条件出现静电损坏。

(3) 选择电路板厚的产品。电子调速器在工作时要通过很大的电流，其内阻越小，通过大电流时的发热越小，从而避免被烧毁。目前电子调速器产品多采用多层电路板，一方面便于布置复杂的走线，另一方面增大了电流承载能力。所以建议选择电路板较厚的电子调速器。

(4) 选择散热能力好的产品。电子调速器在大功率运行时发热比较厉害。虽然在设计和制造时，多数厂商会选用耐热性较好的元件，但因为电路很难在高于焊锡熔点的温度上可靠运行，所以电子调速器必须要有良好的散热能力。选购时应尽量挑选有散热片的产品。

4.2.3　螺旋桨

螺旋桨是多旋翼飞行器动力的最终执行机构，是动力系统中非常重要的部件，也是最易损坏的部件。螺旋桨产生驱动飞行器的推力，使其得以飞行。当需要给多旋翼飞行器选择螺旋桨的时候，很大程度上取决于使用的电动机和机身的尺寸。在给定的转速下，较大的螺旋桨能够产生较大的拉力，较小的螺旋桨在相同转速下旋转产生的拉力也较小。因此，通常情况下，为了使多旋翼飞行器能够获得最高的效率，应尽可能使用最大的螺旋桨。

1. 螺旋桨的材料

螺旋桨的制造材料决定了螺旋桨的柔韧性、成本和强度。按材质一般可分为尼龙桨、碳纤维桨和木桨等。

尼龙螺旋桨是最常见的螺旋桨，其成本低、韧性好。韧性好的螺旋桨在一定程度上能够吸收飞行器的某些运动，使其更加稳定，飞行起来更加从容。尼龙螺旋桨与其他材质的螺旋桨相比，其主要缺点就是不够坚硬，不适于重载飞行平台。这是因为其良好的柔韧性，会引起螺旋桨在旋转时发生扭曲和变形，特别是在有较大载荷的情况下，会导致螺旋桨效率下降。如图 4-19 所示为尼龙螺旋桨。

碳纤维螺旋桨具有刚度高、强度高和质量轻的特点。由于碳纤维螺旋桨刚度高，使其能够比其他材料更好地保持外形不变，因此有着最佳的气动效率，它能够产生更大的拉力，最适用于重载无人机。碳纤维螺旋桨的成本较高，一般不太适合于新手使用。如图 4-20 所示为碳纤维螺旋桨。

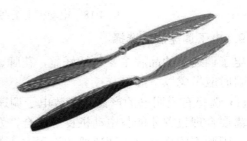

图 4-19　尼龙螺旋桨　　　　　　　　　　　　　图 4-20　碳纤维螺旋桨

木质的螺旋桨由于成本较高，如今已经很少使用了。由于采用木头作为材料，质量上也比尼龙或碳纤维的要重一些。如果螺旋桨的质量较大，它在旋转时会有更大的动能，因此木质的螺旋桨不适用于特技飞行的多旋翼飞行器。由于木质桨比尼龙桨稳定、振动少，噪音低，因此这种螺旋桨有时候会用于重载航拍飞行器上。如图 4-21 所示为木质螺旋桨。

图 4-21　木质螺旋桨

2．螺旋桨的参数

1）螺旋桨直径

螺旋桨直径是指螺旋桨两个桨尖之间的距离，也就是螺旋桨旋转时候最大的旋转面的直径，如图 4-22 所示。螺旋桨直径决定了在标准流体实验条件下，螺旋桨在桨旋一周形成的圆形区域内切割空气量的大小，它决定了产生飞行拉力的大小和扭矩的大小，并不能影响飞行的速度。同一个转速的螺旋桨，螺旋桨直径越大，拉力也越大。

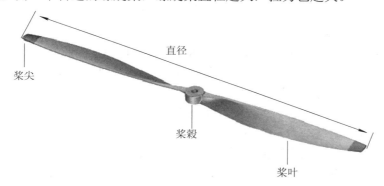

图 4-22　螺旋桨直径

2）螺旋桨螺距

螺旋桨螺距是指螺旋桨(桨叶剖面迎角为零时)旋转一周在轴向移动的距离。或者说旋转一整周螺旋桨往前行进的距离。螺距体现了螺旋桨桨叶角度的大小，但并不是指实际的角度。由于桨叶各剖面的几何螺距是不相等的，螺旋桨螺距习惯上取 70%直径处的几何螺距。几何螺距越大，飞行速度越快，但需要更长的时间来加速，所以加速上升能力就比较差。就像一辆手动挡汽车，假设你在五挡行驶，速度肯定比一挡要快很多，但是五挡是没有办法爬坡的，因为它扭力不够，飞行器也是一样，只不过它的扭力取决于几何螺距，也就是桨的尺寸。低螺距的螺旋桨正好相反，速度可能没有前者快，但是它的加速能力较强，攀爬能力较强，控制性较好，这和通常开车坡道起步采用低挡位是一个原理。

同一个转速的螺旋桨，螺距越大的桨，飞行的速度越快。例如螺距是 5 英寸的螺旋桨，旋转一周的前进距离是 5 英寸，约等于 12.7 cm(1 英寸=2.54 cm)，在转速是 1000 转每分钟下，理论的前进速度是 $1000 \times 12.7 \ \text{cm/min} = 127 \ \text{m/min}$。

3）螺旋桨规格

螺旋桨的规格通常以字母＋英制单位的 4 位数字来表示。字母表示的是厂家，字母后的前两位数字代表直径，后两位数字代表螺距。例如 APC8040 桨表示厂家为 APC 公司，直径 8 英寸、螺距 4 英寸，DJI1555 桨表示厂家为大疆公司，直径 15 寸，螺距 5.5 寸。这里要特别注意，一般来说，如果头两位数字大于 30，则螺旋桨的直径和螺距均为该数字除以 10，如 APC8060 桨的 80 表示的是 8 英寸，60 表示是 6 英寸。几乎所有的螺旋桨在售出的时候都会在其包装上注明螺旋桨规格，如图 4-23 所示。

图 4-23　螺旋桨规格

3．螺旋桨产生的动力

螺旋桨产生的动力是驱动多旋翼飞行器运动的主要推力，因此螺旋桨的动力特性对于多旋翼飞行器的系统模型以及运动控制都非常重要。但由于螺旋桨工作时的特性非常复杂，这里只给出螺旋桨的动力近似计算公式。

多旋翼飞行器工作时螺旋桨将为飞行器提供升力和反转矩，从而使飞行器执行各种机动动作。根据螺旋桨空气动力学的相关理论可知，螺旋桨上产生的升力与反转矩主要与空气密度、螺旋桨角速度、螺旋桨桨叶面积、桨叶长度、桨叶数、桨叶的特征升力系数和反转矩系数有关，其关系可近似表述为

$$F = \frac{1}{2}\alpha\rho\omega^2 N_B C_T$$

$$M = -\frac{1}{2}R^2\rho\omega^2 N_B C_M$$

式中，F 为螺旋桨产生的升力；α 为螺旋桨桨叶面积；ρ 为空气密度；ω 为螺旋桨角速度；N_B 为螺旋桨桨叶数；C_T 为螺旋桨桨叶的特征升力系数；M 为螺旋桨产生的反转矩；R 为桨叶长度；C_M 为螺旋桨桨叶的反转矩系数。

4．螺旋桨的正反桨

多旋翼飞行器为了抵消螺旋桨的自旋，相隔的桨旋转方向是不一样的，所以需要正反桨。正反桨的风都向下吹。适合顺时针旋转的叫正桨、适合逆时针旋转的是反桨。这两种桨因为几何螺距反向，所以在安装的时候必须对称安装这两种桨，并且要区分好正桨和反桨。

螺旋桨正桨和反桨的区分，可按照下述方法进行。

1) 用桨叶迎风面区分正反桨

螺旋桨横着放，桨叶有字(桨叶规格)的一面向上，大直径螺旋桨桨缘是平滑弧线的是

迎风面,如图 4-24(a)所示;小直径螺旋桨桨缘接近直线的是迎风面,如图 4-24(b)所示。右边桨叶的迎风面在后面的是正桨,右边桨叶的迎风面在前面的是反桨,如图 4-24(c)和图 4-24(d)所示。

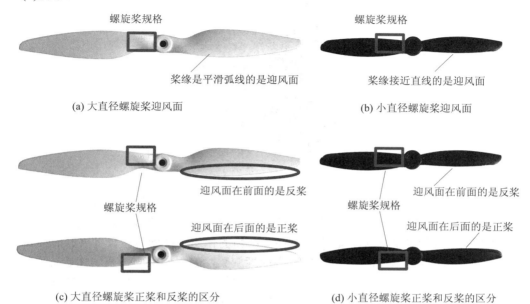

图 4-24　螺旋桨正桨和反桨的区分

2) 用桨叶上刻字(桨叶规格)来区分正反桨

螺旋桨生产厂家不同,用刻字(桨叶规格)来区分正桨反桨的方式也不一样。通常情况下,桨叶上刻有螺旋桨型号规格字样,如 10×5.5MR,另外一个螺旋桨的刻字是 10×5.5MRP,则标有 MR 字样表示螺旋桨是正桨,标有 MRP 字样表示螺旋桨是反桨。有些是以 CCW(正桨)和 CW(反桨)来区分,有些是以 L(正桨)和 R(反桨)来区分。用这种方式一定要搞清楚厂家如何区分正反桨,并再用迎风面的方式检查一次。

5．螺旋桨的桨叶

螺旋桨的桨叶最常见的是两叶桨,有时候也会看到三叶桨,如图 4-25 所示。

图 4-25　三叶桨

就效率而言,两叶桨的效率要高于三叶桨的效率,因为三叶桨多余出来的那一支叶片会扰乱另外两支叶片附近的空气,导致平衡性降低。但是,在某些特定的飞行器上,由于螺旋桨最大直径的限制,不得不用三叶桨替代两叶桨,这样在给定的转速下三叶桨能够产生比两叶桨更大的推力。三叶桨常见于一些固定翼飞行器和微型四旋翼飞行器,这是由最大螺旋桨直径的实际限制所决定的。

6. 可折叠螺旋桨

顾名思义，可折叠螺旋桨在飞行或存储时能够向后折叠，如图 4-26 所示。

图 4-26　可折叠螺旋桨

可折叠螺旋桨在固定翼滑翔机上特别常见，当飞机爬升到足够的高度，关闭电动机，螺旋桨在风阻的作用下向后折叠起来，这样使得滑翔机更具有流线型，有助于提高滑翔机的滑翔性能。当电动机再次旋转起来时，在离心力的作用下螺旋桨会自动展开。

在多旋翼飞行器上，相对于可向后折叠的螺旋桨，使用向侧面折叠的螺旋桨更易于存储和运输。当电动机再次旋转起来时，离心力会将螺旋桨展开并产生升力。在多旋翼飞行器上使用可折叠螺旋桨的主要缺点就是成本较高，并且与固定式螺旋桨相比也更重。

7. 螺旋桨的安装

当要将螺旋桨安装到电动机上时，所使用的电动机品牌或型号通常会标明使用什么方法来紧固螺旋桨。通常情况下，购买螺旋桨时，会获得一系列不同尺寸的塑料圆环，即螺旋桨垫片，如图 4-27 所示。

图 4-27　螺旋桨垫片

选择合适的螺旋桨垫片可以将螺旋桨紧贴地安装在电动机的轴上，这样确保二者对心，避免产生振动和失衡的问题。

螺旋桨的安装方法主要有以下几种。

1) 使用螺旋桨夹头安装

螺旋桨夹头是固定翼飞行器常用的一种螺旋桨安装方法，尤其常用于推进式的电动机上。螺旋桨连接在夹头上，夹头滑过电动机的轴，再通过平头螺钉紧固。这种夹头最大的优点就是当飞机摔下来时，它会很容易地滑落，从而使螺旋桨从轴上掉出来。这样能避免对螺旋桨和电动机造成损害。但也正因如此，这种安装方法不适用于特技飞行的多旋翼飞行器，因为这种飞行器的电动机速度经常突然改变，随着时间的推移，会让桨夹头越来越松，最终导致在飞行过程中螺旋桨脱落，因此在多旋翼飞行器上不推荐用这种安装方法。图 4-28 所示为螺旋桨夹头及使用螺旋桨夹头安装的螺旋桨。

图 4-28 使用螺旋桨夹头安装螺旋桨

2) 直接安装

直接安装螺旋桨的方法主要用于大型多旋翼飞行器平台，特别是采用碳纤维材料的螺旋桨。将螺旋桨直接安装在电动机上意味着电动机的重心较低，电动机与螺旋桨之间的连接更加牢固，这样能够减少振动。但直接安装的缺点是螺旋桨在飞机摔落的时候有可能会折断，因为这种方法不会像其他安装方法那么容易将螺旋桨滑落下来。

3) 使用螺旋桨适配器安装

使用螺旋桨适配器安装是目前多旋翼飞行器螺旋桨最常见的安装方法。电动机有一个带有螺纹的轴，螺旋桨穿过电动机轴后，通过一个大的螺帽紧固住。螺帽可以选择螺纹的方向，以避免飞行过程中螺帽松脱。图 4-29 所示为螺旋桨适配器及使用螺旋桨适配器安装的螺旋桨。

图 4-29 使用螺旋桨适配器安装螺旋桨

4) 自紧安装

自紧安装方法与使用螺旋桨适配器安装的方法相类似，只是螺旋桨制造时直接在桨孔里做出了螺纹。在带有螺纹轴的电动机上，螺旋桨可以直接旋在上面。按照牛顿第二定律，轴的螺纹旋向要与电动机的旋转方向相反，这样当电动机旋转起来时，螺旋桨能够自动地紧固在轴上。这种方法常见于一些"到手即飞"的四旋翼飞行器模型上，它能够非常有效地避免由于忘记旋紧而导致的飞行过程中螺旋桨的脱落。另一个有用的地方，就是当完成飞行时,不用借助任何工具就可以把螺旋桨拆下来，这样在运输的过程中就不会使其折断或损坏。图 4-30 为自紧螺旋桨。

图 4-30 自紧螺旋桨

8. 螺旋桨的平衡

未平衡的螺旋桨是造成多旋翼飞行器振动的主要原因，并且振动还会对飞行控制器的传感器性能造成影响。

　　平衡的过程，就是通过确保螺旋桨两侧的质量高度一致，使重心位于电动机和螺旋桨的中心，最大限度地减小振动。螺旋桨平衡器实质上就是一个轴，被平衡的螺旋桨安装在这个轴上，如图 4-31 所示。

　　螺旋桨平衡器的旋转阻力很小(通常通过磁铁进行支撑)，即使螺旋桨只有很小的不平衡，它也可以自由旋转。可以把螺旋桨平衡器看作一个跷跷板：如果一侧的螺旋桨偏重，则这一侧就会比另一侧低一些；当两侧桨叶质量相等时，就是完美的平衡，并能保持水平。让螺旋桨平衡有两个步骤：第一步是平衡桨叶，第二步就是平衡螺旋桨的中央桨毂。下面将介绍如何平衡螺旋桨。

图 4-31　螺旋桨平衡器

　　1) 平衡螺旋桨桨叶

　　(1) 取下螺旋桨平衡器的中心轴，调整轴中的两个法郎轴承，使其锥形面相对，如图 4-32 所示。

　　(2) 把其中一个法郎轴承旋转而出，装入要测试的螺旋桨。锥形轴承刚好嵌入螺旋桨中心孔位置，把桨叶调整到轴的中间位置，如图 4-33 所示。

调整两个法郎轴承锥形面相对

图 4-32　调整法郎轴承

两个法郎轴承锥形面相对并拧紧固定螺旋桨

图 4-33　固定螺旋桨

　　(3) 把已经调节好的中心轴装在桨平衡器底座上，然后放置在一个水平面上，观察螺旋桨状态，任意旋转螺旋桨，观察最终停止后螺旋桨的状态。出现不平衡现象，螺旋桨的两叶会一边高，一边低，较重的一侧会下沉，如图 4-34 所示。

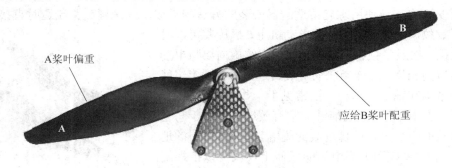

A桨叶偏重

应给B桨叶配重

A

B

图 4-34　螺旋桨不平衡现象

解决这种不平衡现象的方法之一就是配重，使得两片桨叶的重量一致。

配重有以下两种方法：

① 削减法。在桨叶质量较重的那片桨叶上用刀进行削减，或用砂纸进行打磨，从而使

两叶片重量一样，最终达到水平平衡。

② 增重法。在桨叶质量较轻的叶片上增加重量，比如贴胶带、滴胶水、涂指甲油、喷漆，使两片桨叶重量一样，最终达到水平平衡。

通常情况下，建议使用第二种增重法，增重法是留有余地的，很方便做出调整，增重多了还可以减去，对叶片的强度影响不大，而削减法是破坏性的，对于质量较差的螺旋桨，若削去的比较多，螺旋桨的强度就被破坏降低了。

下面以贴胶带配重法为例介绍解决这种螺旋桨不平衡现象的方法。贴胶带配重法比较简单。一般使用比较常见且黏性好的电工胶带。

(4) 剪取一段 10 mm 的长条胶带，在较轻的桨叶叶尖上面轻轻粘上，再将螺旋桨拨到水平位置。需要注意的是：胶带不要粘太紧，因为还需要调整比重和粘贴位置。贴胶带可以贴在螺旋桨的正面或者反面，贴的时候一定要压紧成光滑面，不要改变螺旋桨的形态。

(5) 如果粘贴胶带的一侧桨叶下沉，则表明有胶带的这边较沉，如图 4-35 所示。这时不要将胶带剪掉一部分，而是要将胶带改粘到更靠桨中心的部位，直到螺旋桨两边能够保持水平。胶带最好是一整块的，不要裁剪一小块，然后再加一小块，这样容易使胶带脱落。

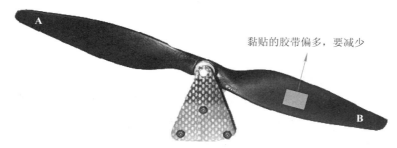

图 4-35 配重超重

(6) 如果螺旋桨在相反的一侧下沉，则还需要剪出一块胶带再粘上，以增加较轻一侧的质量。一旦螺旋桨保持水平了，如图 4-36 所示，就可以将胶带摁下粘牢。

图 4-36 螺旋桨平衡

2) 平衡螺旋桨桨毂

通常情况下，平衡螺旋桨桨毂并非必要，因为桨毂不平衡引起的振动没有因桨叶不平衡引起的振动那么明显，所以常被忽略。但如果飞行器存在振动问题，这一步还是少不了的。平衡螺旋桨桨毂可按照以下步骤进行。

(1) 首先以一个较小的角度将螺旋桨安装在平衡器上，比如 45°；如果放手后，螺旋桨稍微向一侧倾斜，那么绕着平衡器拨动整个螺旋桨，然后再试一次。

(2) 再拨动几次螺旋桨，并在各种角度测试之后，这时应该能感觉到是否一侧的桨毂要比另一侧重。

(3) 可以使用粘胶带或打磨去掉一些材料的方法来使得螺旋桨两侧平衡。当螺旋桨实现完美平衡时，应该能在任何倾斜角上保持稳定。

9. 螺旋桨的选择

如果说电动机和电子调速器是运动员的腿和脚，那么螺旋桨就是运动鞋，跑得快不快看腿脚，跑得舒不舒服就是看鞋。螺旋桨对于飞行器也是一样，建立在不超负载的情况下，飞行器可以更换很多不同的螺旋桨。同样可以飞起来，但是飞行效果和续航时间却是大相径庭。螺旋桨选得适合，飞行更稳，航拍效果、续航时间都兼得；选得不好，可能效果就相反。

相同的电动机，不同的 KV 值，用的螺旋桨也不一样，每个电动机都会有一个推荐的螺旋桨。相对来说，螺旋桨配得过小，不能发挥最大推力；螺旋桨配得过大，电动机会过热，会使电动机退磁，造成电动机性能的永久下降。

初学者选择螺旋桨时应考虑以下因素。

(1) 不同材质的螺旋桨，价格和性能差别较大，根据实际需要，选择最适合的螺旋桨。

(2) 螺旋桨的型号必须与电动机的型号相匹配，可参考电动机厂家推荐使用的螺旋桨型号。

4.2.4　电池

电池用于为飞行器上的所有设备包括电动机、飞行控制器和其他一些设备提供电能。目前多旋翼飞行器所使用的电池，最常见的是锂聚合物电池，相对于以前遥控模型所采用的镍镉或镍氢电池，锂聚合物电池的能量密度是最大的。锂聚合物电池的能量密度高，意味着相同质量下该电池能够存储更多的电能。在移动电话和笔记本电脑中通常采用的是锂离子电池，它与锂聚合物电池相似，但能量密度要小一些，相对来说要更结实一些。下面主要介绍多旋翼飞行器所使用的锂聚合物电池的相关特性。

1. 锂聚合物电池的材料与构成

锂聚合物电池是在锂离子电池的基础上进行改进而成的一种新型电池，如图 4-37 所示。因其具有容量大、重量轻(即能量密度大)、内阻小、输出功率大的特点，因而可以作为动力电池。锂聚合物电池由正极、负极、电解质、隔膜、正极引线、负极引线和电池壳等组成。锂聚合物离子电池用高分子材料作为主要的电池系统，所用的正极材料分为钴酸锂、锰酸锂、三元材料和磷酸亚铁锂材料等，负极为石墨，电解质为固体聚合物。锂离子电池目前有液态锂离子电池(LIB)和锂聚合物离子电池(PLB)两类。正极采用锂

图 4-37　锂聚合物离子电池

化合物 $LiCoO_2$、$LiNiO_2$ 或 $LiMn_2O_4$，负极采用锂-碳层间化合物 Li_xC_6。

以 $LiCoO_2$ 作为正极的锂离子电池，由于其电池材料的安全性及电池使用成本的问题，电池大型化、规模化应用面临资源短缺的问题，加之 $LiCoO_2$ 的毒性，因此可持续发展不良。尖晶石 $LiMn_2O_4$ 较 $LiCoO_2$ 原料相对低廉、材料热稳定性稍高且低毒，曾一度被视作大型锂

离子电池的优选正极材料，但是 $LiMn_2O_4$ 的低容量及高温循环性能差的缺点一直未找到好的解决办法，而且 $LiMn_2O_4$ 和 $LiCoO_2$ 一样，测试时容易导致热失控(同时释放助燃剂氧)，进而导致起火、爆炸，电池组合在一起时问题尤为严重，在实际应用中难以推广。$LiFePO_4$ 无毒，对环境友好，原料丰富，库仑效率高，充放电平台平稳，循环性能好，热稳定性高，极安全可靠，非常适合于对安全性、循环寿命、功率特性、使用成本等敏感的电池应用领域。但是 $LiFePO_4$ 的本征电导低，提高 $LiFePO_4$ 的电导率，改善其倍率特性相应成为全球 $LiFePO_4$ 研发的核心。磷酸亚铁锂作为一种新型锂离子电池电极材料，其特点是放电容量大，价格低廉，无毒性，不造成环境污染。

固体聚合物电解质锂离子电池电解质通常为聚合物与盐的混合物。当在固体聚合物电解质中加入增塑剂等添加剂，这种凝胶聚合物可以提高离子电导率，使电池能在常温下使用。聚合物电池采用胶体电解质，相比液态电解质，胶体电解质具有平稳的放电特性和更高的放电平台。采用导电聚合物作为正极材料，其比容量相对增加。由于用固体电解质代替了液体电解质，锂聚合物离子电池具有可薄形化、任意面积化与任意形状化等优点，提高了电池造型设计的灵活性。

2．锂聚合物电池的参数

电池上有一些不同的性能指标，它们定义了电池的相关参数。

1）S 数(芯数)

电池的主要规格分类依据是电压。锂聚合物电池则是以芯数来进行定义的。锂聚合物电池中每个电芯电压为 3.7 V，形状为长方形，质软而且薄，里面包含有电池的化学物质。这些化学物质的性质决定了电池充满情况下的最大电压为 4.2 V，最小的电压不能低于 3 V。如果电压超过了这个范围，就可能对电池造成永久的伤害，最坏的情形就是电池变得不稳定并发生爆炸。由于这个原因，应该使用特殊的平衡充电器来确保电池以安全的方式进行充电。

为了使锂聚合物电池的电压更高，可增加电池的芯数，把多个电芯串联。最常见的是采用 3 芯电池，可获得 11.1 V 的电压。电池芯数写作 1S 代表 1 芯电池，2S 代表 2 芯电池，依此类推。即 S 数是指串联锂聚合物电池电芯的片数，S 数越大，电池的电压越大。对于多旋翼飞行器所需要的电池而言，范围从 1S (用于微型飞行器)到 6S (通常用于重载飞行器平台)都有。使用较高的电压(或者较多芯数的电池)，意味着可以为电动机提供更大的功率。然而，有些电动机和电子调速器所能支持的电压范围都是一定的，所以不要使用太高电压的电池，否则会烧毁电动机或电子调速器。表 4-2 标明了不同芯数下电压的范围。

表 4-2　不同芯数下电压的范围

芯数	标称电压/V	最小电压/V	最大电压/V
1S	3.7	3.0	4.2
2S	7.4	6.0	8.4
3S	11.1	9.0	12.6
4S	14.8	12.0	16.8
5S	18.5	15.0	21.0
6S	22.2	18.0	25.2

2) P 数

电芯串联能增加电压但容量不变。为了获得更大的容量及较高的放电倍率，有些电池将一定数量的电芯以并联的方式连接，并联个数用 P 来表示，这样在保持电压恒定的同时可提高电池的容量和放电倍率。即 P 数是指并联锂聚合物电池电芯的片数，P 数越大，电池的电流越大。例如一个电池标识为 2S2P，其中第一个数字(S 前面的)代表串联的电池芯数(2S)，第二个数字代表多少个电芯以并联的方式连接(2P)，因此，在 2S2P 这个标识的电池中，有 4 个独立的电芯。

3) mA·h(毫安·时)

电池的能量或容量以毫安·时(mA·h)来定义。例如某电池容量是 2600 mA·h，表示能以 2600 mA(2.6 A)放电一个小时，或者以 26 A 放电 0.1 个小时。电池的容量决定了飞行器的最大工作时间，电池的容量越大，能提供的电能越大，但质量和体积也越大。这样就会增加电动机的负荷，以产生足够的升力来抵消这部分质量的增加，反过来电池电量也会更快地耗尽。因此对于一架给定的飞行器而言，应当选择一个最优的电池容量值，以便获得最长的飞行时间。

4) C 数(放电倍率)

C 数(放电倍率)是指锂聚合物电池放电电流的数值为额定数值的倍数，是表示电池放电快慢的一种量度。1C 是指电池用 1C 的放电倍率放电可以持续工作 1 小时。例如容量为 2200 mA·h 的电池 1C 是 2200 mA(2.2 A)，可以以 2200 mA·h 持续放电 1 个小时。很多电池的放电/充电电流用 C 数来表示，可以根据放电倍率(C) = 放电电流(A)/额定容量(mA·h)换算出对应的电流及持续放电时间。

5) 内阻

锂离子电池的内阻是指电池在工作时，电流流过电池内部所受到的阻力。电池内阻大，会产生大量焦耳热引起电池温度升高，导致电池放电工作电压降低，放电时间缩短，对电池性能、寿命等造成严重影响。锂电池内阻在几毫欧到几十毫欧之间。内阻小的电池的大电流放电能力强(最大放电倍率 C 数大)，内阻大的电池放电能力弱。

由于制造过程中，每个锂电池电芯的内阻都不会一样，成品电池会尽量用内阻接近的电芯组合，如果电芯的内阻相差太大，多个电芯间充电和放电不一致，会严重影响电池性能。

3. 锂聚合物电池连接端口

所有的电池都有两个连接端口。粗线连接的那个为主供电连接端口，电池所有的电能都要通过它来传输。第二个端口较小，由多线组成的平衡导线连接，如图 4-38 所示。锂聚合物电池含有一个或者多个电芯，平衡导线上的每根都与电池中的每个电芯连接，这用于电池的充电，以确保每个电芯都在正确的充电水平上。

电池与其他设备的连接有几个标准。有些生产厂商倾向于采用某一特定类型的连接方式，购买电池时要确定连接的设备是否有与之相同的连接端口。这样每次更换电池时就不需要重新进行焊接了。但是，如果电池与要连接的设备没有相同的连接端口，则可能需要通过焊接进行连接。多旋翼飞行器锂聚合物电池最常用的连接端口是 EC3 型、XT60 型和 T 型插头，在电池上的连接端口通常是母头，如图 4-39 所示。

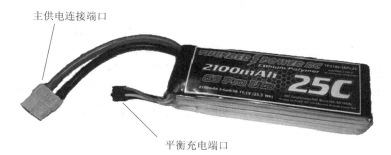

图 4-38 锂聚合物电池连接端口

EC3型 XT60型 T型

图 4-39 锂聚合物电池常用连接端口型号

4. 锂聚合物电池的充电与日常保养

所有的电池根据充电和放电的循环周期都有一定的寿命。特别是锂聚合物电池与其他类型电池相比有更高的能量密度，且存在一些挥发性的物质，因此这种电池有可能变得不稳定，如果没有得到很好的看护，还有可能引起火灾。因此，对于锂聚合物电池应该进行正确的使用及存储。

1) 锂聚合物电池充电

由于锂聚合物电池的设计及其芯数，需要用专门的锂聚合物电池平衡充电器。电池的使用过程中都希望电池充电尽可能越快越好，这样飞行器就能很快地重返蓝天，但充得过快也会对电池产生损害，或使电池变得不稳定甚至发生爆炸，所以所有的电池都有一个标称的最大充电倍率。现在多数的锂聚合物电池最大充电倍率为 5C。为了延长电池的寿命，充电时最好尽可能慢一些，并注意以下几点。

(1) 充电电流：充电电流不得超过最大充电电流(一般情况下为 0.5～1.0C 或以下)，使用高于推荐的电流充电将可能引起电池的充放电性能、机械性能和安全性能等问题，并可能导致发热或泄漏。

(2) 充电电压：充电电压不得超过规定的限制电压(4.2 V/单体电池)，4.25 V 为每单片充电电压的最高极限。

(3) 充电温度：电池必须在规定环境温度范围内进行充电，否则电池易受损坏。当电池表面温度异常时(指电池表面温度超过 50℃)，应立即停止充电。

(4) 反向充电：应正确连接电池的正负极，严禁反向充电。若正负极接反，将无法对电池进行充电。

2) 锂聚合物电池的日常保养

电池是保证飞行器能正常起飞的关键因素之一，如何才能增加其使用寿命是人们关心的问题。电池的日常保养对电池的使用寿命有重要影响。

　　锂聚合物电池是一种化学电池，任何一种电池都有寿命，电池寿命的长短与电池本身的特性有关，也与日常的使用保养有关。理论上一个聚合物锂电池寿命一般为 300～500 个充电周期，但实际中并不能真正做到这样理想化的状态，每完成一个充电周期，电池的蓄电性能就会下降一点儿。不过，在正常周期内这个下降幅度非常小，高品质的电池充过多个周期后，仍然会保留原始蓄电能力的 80%。这个正常周期会维持很长一段时间，一旦过了这个周期，电池的蓄电性能会大幅下降。

　　电池的日常保养要注意以下事项。

　　(1) 正确使用可以延长聚合物锂电池的使用寿命。有些用户根据传统电池的使用经验，在新电池开始使用后充满电再放光电，以为这种方法能激活电池的最大潜力。还有些用户得到新电池后长期放置不用，以为只要没用过，电池的寿命就没有影响。对聚合物锂电池，这两种都是非常错误的使用习惯，深度放电对聚合物锂电池的寿命会产生严重伤害，一块聚合物锂电池只要深度放电两次寿命就终结了。在长期存放电池时定期地充电，在日常使用电池时避免电池电量完全放光，可以有效地延长电池寿命。

　　(2) 每次使用完电池必须等待完全冷却后才能重新充电，避免电池自身处在高温状态或在高温环境下充电。

　　(3) 长时间存放而不使用的电池，应保持电池总电量的 70%。当处于未被使用的状态当中时，锂电池会有一个自动放电的过程。如果放电电压低于 2.4 V，会严重损坏电池，导致电池不能再使用。因此建议每隔 3 周检查电池或重新为电池充 1 次电。多功能电池检测仪可以正确地显示电池的状态。

　　(4) 正确设置充电电流，使用过大的电流充电也会影响电池寿命，同时也不能完全充满。

　　(5) 电池只适合在室温下保存和使用，电池的温度在 4℃以下时放电性能会下降，电池的温度在 −10℃以下时电池放电性能严重下降，甚至会导致电池完全不放电，所以应尽量避免将电池长时间在低温环境下放置。如果电池的温度较低，如冬天在室外的汽车中过夜，在使用前 3h 应将电池放置在室温环境里，慢慢加温到 20～40℃后再使用。如果多旋翼飞行器在低温环境下飞行作业，应做好电池的保暖工作，如将电池放置在有暖气的汽车内或工作人员的怀里，在使用前的最后一刻再取出装在飞行器上，一旦装上就要尽早起飞，让电池开始工作。电池放电过程中会产生热量，可以避免电池温度过低。但即使做好电池使用前的保温工作，−10℃以下的低温环境仍然会让电池的放电性能严重下降，在使用中需要特别注意。

　　(6) 避免在 4℃以下的低温环境里对电池进行充电，太低的温度下电池有时甚至充不上电。但不必担心，这只是暂时状态，一旦环境温度升起来，电池中的分子受热，就马上恢复到以前的蓄电能力。

　　(7) 锂电池在 35℃以上的高温环境下工作，电池的电量也会减少，电池的供电时间不会像往常那样长。如果在这样的高温环境下对电池进行充电，对电池的损伤将更大。长期在高温环境中存放电池，也会不可避免地对电池造成相应的损坏。夏天在室外进行飞行作业时，一定要避免电池在阳光下暴晒。尽量保持适宜的操作温度是延长电池寿命的好方法。

(8) 要想发挥电池的最大效能，就需要经常用它，让电池内的电子始终处于流动状态。如果不经常使用，请一定记得每月给电池大幅度充放电 1 次。

(9) 不要把电池放在有硬币或钥匙的口袋中，也不要放在雨后或结露的潮湿草地上，因为这些情况下有可能发生短路。

(10) 飞行时如果地面站电压告警，必须马上降落。即使只是暂时的电压告警，接着马上电压显示正常，也必须降落。因为受风等因素的影响，电压有时会暂时上升。

(11) 降落后要及时把电池取出。

(12) 起飞前换入充满电的电池，避免与部分放电的电池弄混。很多坠机和粗暴着落都是由于使用了未完全充满电的电池引起的。

5. 锂聚合物电池的选择

多旋翼飞行器常用电池品牌主要有复利、海雷新能源、格瑞普、实达等。

初学者在选择电池时要考虑以下因素。

1) 电池的重量

为了增加飞行的时间，需要尽可能使用高容量的电池，而随着容量的增加，电池的质量也会增加。为得到合适的飞行时间，应当尽可能地降低整个飞行器设备的质量(包括机身)。减下来的质量可以用于使用更大的电池。例如，对于一架多旋翼飞行器，电动机可以举起 3 kg 重的飞行器，所有的设备和机架组合起来总质量为 2 kg，这就意味着所能用的电池质量约为 1 kg，即飞行器总质量不要超过 3 kg 的最大起飞质量。

2) 电池最大持续放电电流

除了电池不要过重之外，还需要确保电池能够为电动机提供足够的电流。通过查看电动机拉力数据表，得到每个电动机的电流，并将它们的电流加起来即可得到整个飞行器所需的电流。如果想得到更加准确的数据，可以将所有用电设备的耗电量加在一起。这个电流只要小于电池最大持续放电电流即可。

电池最大持续放电电流等于容量乘以最大放电倍率(C 数)。

最大放电倍率(C 数)是指能以最大电流持续放电的倍率，这个值比连续放电倍率要大很多，如 25C、30C 等。例如一个容量为 2200 mA·h 的电池最大放电倍率是 25C，最大持续放电电流是 2200 mA × 25 = 55000 mA = 55 A，持续放电时间为 60(min) / 25 = 2.4 min。

通过最大放电倍率可以知道电池的最大放电能力是否满足要求。例如一个四旋翼飞行器的每轴电动机最大拉力需要电流是 10 A，4 个电动机总共需要电流是 40 A。如果选用容量为 2200 mA·h、最大放电倍率是 25C 的电池，其最大持续电流是 55 A，就可以满足要求。因此当选择电池时，需要确保电池能够为所有的电动机输出足够的电流。

对于特技或竞速飞行器，最好选择高放电倍率的电池，这样可以为电动机更快速地提供电能，并使得电动机有更大的动力。但是，高放电倍率的电池质量也相应会增加。因此用于航拍的飞行器通常使用低放电倍率、质量较轻的电池，这样能够飞得更久一些。

3) 电池的电压

电池电压不能超过电子调速器最高承载电压。电动机工作电压由电子调速器决定，而电子调速器电压由电池输出决定，所以电池的电压要等于或小于电动机的最大电压。

4.2.5　电动机、螺旋桨和电子调速器的匹配

1.　电动机和螺旋桨匹配的基本原则

多旋翼飞行器动力装置中，电动机与螺旋桨各有其自己的特性。随着工作状态的变化，它们的特性各有不同的变化规律，整个动力推进装置的特性既不同于电动机，也不同于螺旋桨，而是取决于它们之间的匹配。

判断电动机与螺旋桨是否匹配的两个基本参数是：电动机的功率和 KV 值。通常，外转子无刷电动机的功率大小与尺寸相关，主要是定子的直径和高度，这两个尺寸越大，电动机的功率越大。出厂的成品电动机都有额定功率标注。KV 值是由电动机定子绕组线圈匝数决定的，和线圈匝数成反比，即线圈匝数越多，KV 值越低，反之则越高。无刷电动机的空载转速和电压成正比，即

$$电动机的空载转速 = KV 值 \times 工作电压$$

例如，KV 值为 650 的电动机，当工作电压为 1 V 时，空载转速是 650 r/min，工作电压为 2 V 时，转速为 1300 r/min。

电动机与螺旋桨内在关系的一个重要因素是电动机的扭矩。电动机的功率、转速和扭矩三者之间的关系为

$$电动机的功率 = 电动机转速 \times 扭矩$$

因此，在功率恒定的情况下，电动机的 KV 值越高，即转速越高，扭矩越小；反之，电动机的 KV 值越低，即转速越低，则扭矩越大。

螺旋桨的尺寸与转速由多旋翼飞行器对拉力的需求决定。螺旋桨的尺寸大、转速大则拉力大，但是同时旋转的阻力增大，也就是对电动机的扭矩要求增大。因此，必须根据多旋翼飞行器爬升和机动飞行对最大拉力的需求，来选择螺旋桨的尺寸大小和所匹配的电动机。如果选择不当，电动机、螺旋桨及电子调速器之间匹配性差，其结果是：要么电动机不能发挥出最佳工作状态，要么有可能烧毁电动机或烧毁电子调速器。

多旋翼飞行器对螺旋桨拉力的需求由螺旋桨尺寸和转速两个因素决定，并不是只能选择一种尺寸的螺旋桨或一种电动机。如果要得到螺旋桨与电动机更精确或"最佳"的匹配，需要进行实验来确定。

2.　电动机和螺旋桨的匹配

在决定选用哪种电动机之前，首先需要估算一下飞行器的质量大致是多少，或者需要携带哪些设备。这样才能知道需要多大的电动机来驱动飞行器。

当为多旋翼飞行器选用电动机时，要遵循的总要求是要确保电动机和螺旋桨组合，在 50%～65% 油门开度的情况下能够产生飞行器悬停所需的推力。例如，如果一架四旋翼飞行器总重 1 kg，那么 4 个电动机中的每一个要产生至少 500 g 力的拉力，总共要产生 2 千克力(kgf)的拉力(4 × 0.5 kgf，1 kgf = 9.8 N)。之所以要这样，是因为多旋翼飞行器是用电动机产生的拉力来控制飞行器的，需要有足够的拉力来应对可能出现的突风等的影响。

一旦估算了多旋翼飞行器的总质量，就需要去查看电动机的拉力数据表(厂商提供)，找到一个合适的电动机和螺旋桨的组合，其能产生足够的拉力(2 倍于多旋翼飞行器的估算质量)。多旋翼飞行器有好几个电动机，还要考虑要用多少个电动机，以便知道每个电动机

要产生多大的拉力(总拉力除以电动机的数量)。

　　在确定了几个电动机能够产生所需的拉力后，下一步就要根据成本和电动机拉力数据表中的力效进行一番选择和比较。

　　力效是指电动机消耗每瓦功率所能产生的拉力，该值的单位是克/瓦(g/W)。

　　表 4-3 是从一个成品无刷电动机的拉力数据表上摘出的几个数据，表明了在不同电压和螺旋桨搭配组合情况下电动机的性能(这并非是这个电动机的完整的拉力数据表，完整的表格包括更多的性能信息)。

表 4-3　某电动机拉力数据表

螺旋桨	电压/V	电流/A	油门/(%)	拉力/g	拉力比例/(%)	功率/W	力效/(g/W)
APC1047	14.8	3	30	400	44	44.4	9.01
		4.3	43	500	56	63.64	7.86
		5.5	55	600	67	81.4	7.37
		7.1	71	700	78	105.08	6.66
		10	100	900	100	148	6.08
	18.5	2.6	19	400	32	48.1	8.32
		3.5	25	500	40	64.75	7.72
		4.7	34	600	48	86.95	6.90
		8.5	61	900	71	157.25	5.72
		14	100	1260	100	259	4.86
APC1238	14.8	3	21	400	33	44.4	9.01
		4.8	33	600	49	71.04	8.45
		7.9	54	800	65	116.92	6.84
		9.6	66	900	73	142.08	6.33
		14.6	100	1230	100	216.08	5.69
APC1147		3	24	400	37	44.4	9.01
		5.2	42	600	56	76.96	7.80
		6.7	54	700	65	99.16	7.06
		8.2	66	800	74	121.36	6.59
		12.5	100	1080	100	185	5.84

　　从表 4-3 可以看到，螺旋桨尺寸相同、电压不同的情况下，使用高电压的电池可使相同的电动机产生更大的推力，这会让多旋翼飞行器响应更灵敏、速度更快；电压相同、螺旋桨尺寸不同的情况下，螺旋桨直径越大，电动机的效率越高。因此，选择桨叶的时候，如果是为了最大留空时间，就尽量选择桨叶直径大的螺旋桨。

3．电子调速器和电动机的匹配

　　在选择好所需的电动机和所期望的运行工作点后，还需要查看一下电动机拉力数据表，看一下此工作状态所需的最大电流。通过这一数值，确保电子调速器的额定电流不低于电动机的最大电流。电动机的最大电流不会恰好与电子调速器的额定电流值一致，所以最好做一下调整，以便电子调速器确实能够应对电动机所需的电流。例如，电动机的最大电流值为 14 A，那么就应当使用 18 A 或 20 A 的电子调速器。使用更大电流的电子调速器当然也是可以的，但如果用 50 A 的电子调速器配上最大电流仅 14 A 的电动机，就有点大材小用了，只会增加飞行器额外的质量和成本。这么大的电子调速器所耗费的电池电量还会稍微多一些。

4.2.6　估算飞行器飞行时间

多旋翼飞行器的飞行时间的估算，可以根据多旋翼飞行器的质量估计出悬停所需的拉力，计算出电动机的总功率，然后再用电动机的总功率除以电池所能提供的总功，来简单地估算出飞行的时间。下面将介绍如估算飞行器飞行时间。

1. 估算电动机总功率

为了估算飞行器飞行中电动机所消耗的总功率，首先根据飞行器的质量和需要电动机产生的拉力，查看电动机的拉力数据表，找到对应于这个拉力的力效值(g/W)，然后只需要将拉力值除以电动机的力效值(g/W)，即得到电动机总功率。

例如，一架四旋翼飞行器的质量约为 2000 g(2 kg)。四旋翼飞行器有 4 个电动机，每个电动机要提供大约 500 g 的拉力(在悬停时)；根据电动机拉力数据表，可以找到电动机产生 500 g 拉力所对应的力效值(g/W)。假定在提供飞行器悬停所需拉力时，电动机的力效是 7.5 g/W，则电动机总功率为

$$\frac{2000}{7.5} = 266 \ (\text{W})$$

或者，有的电动机的拉力数据表已经提供了其在不同拉力值下的功率，查看这个表就能找到对应功率值。对于此例中的电动机，由拉力数据表可知每个产生 500 g 拉力的电动机功率为 66.5 W，因此，4 个电动机总的功率为

$$66.5 \times 4 = 266 \ (\text{W})$$

2. 估算电池的总能量

电池的总能量可以简单地认为是将电池的容量 mA·h(毫安·时)乘以电池的电压。在此例中，使用了一个 5000 mA·h 的 3 芯(11.1 V)聚合物锂电池，因此，电池的总能量为

$$5 \times 11.1 = 55.5 \ (\text{W·h})$$

3. 估算飞行器飞行时间

飞行器飞行时间可以简单地按照下面的公式进行计算：

$$飞行时间(\text{min}) = \frac{电池总能量(\text{W·h})}{电动机总功率(\text{W})} \times 60$$

在此例中，飞行时间就是：

$$\frac{55.5}{266} \times 60 = 12.5 \ \text{min}$$

虽然这个值不是完全准确的，但选购所有新设备之前，这个计算过程可以提供充满电的电池能支持的飞行时间的估计值，这个估计值还是比较接近实际的。

4.3　遥控设备的选择

目前，多旋翼飞行器遥控装置主要有无线电遥控器、手机和腕表等，其中无线电遥控器是主流遥控设备。无线电遥控设备(通常缩写为 R/C 或 RC)是多旋翼飞行器系统中的关键部分，是对飞行器直接发出动作指令的机构，它可以在需要的情况下通过手动的方式来控制飞行器。

4.3.1　遥控设备的种类

遥控设备的种类繁多，用途也各不相同，其中配置和功能也不同，因此首先要根据飞行器种类与用途选择遥控设备，遥控设备通常按用途和功能档次进行分类。

1) 按用途分类

根据用途遥控设备可分为通用遥控设备和车船模型遥控设备，如图 4-40 所示。

通用遥控设备

车船模型遥控设备

图 4-40　遥控设备

车船模型遥控设备专用于车辆或者船的遥控，通常只具备 2～3 个通道，有些车船模型遥控设备考虑到操纵者的特殊习惯而设计成"枪形"，操纵方式也比较特殊。通用遥控设备一般具有 4 个通道，并且通常采用双杆式的结构。多旋翼飞行器大多用通用遥控设备。

2) 按功能和档次分类

遥控设备按性能和功能差异以及价位可分为普通版、中级版、中高级版、高级版几种。一般从普通版到中高级版较适合一般业余爱好者使用。

4.3.2　遥控设备的组成

一个无线电遥控系统包含一个发射机(就是手里拿着的装置)和一个接收机(安装在飞行器上的装置)。发射机上有操纵杆和按键，通过它们来控制飞行器。当移动操纵杆或者按下按键时，无线电发射机就会通过无线电信号，向飞行器上的接收机发送指令。接收机收到信号后，输出给飞行控制器，从而执行所要求的动作。

1. 无线电遥控发射机

无线电遥控发射机就是飞行器飞行时拿在手里的装置。发射机上的两个操纵杆主要用于控制飞行器的油门、滚转、俯仰以及偏航。发射机上还有很多其他的按键和切换开关，用于实现其他的控制功能，比如控制襟翼、起落架，以及与飞行控制器相关的一些操作，诸如改变飞行模式及控制机载相机等。

1) 模式 1 与模式 2 (日本手与美国手)

无线电遥控发射机有两种可能的操纵模式，通常称为模式 1 和模式 2。这主要是定义了主操纵杆的顺序。从外观上区别二者的不同有个简单的方法，就是看油门杆，它不像其他操纵杆上下扳动后能够回弹至中立位置，而是上下扳动后不自动回到中立位置，如果油门杆在左侧，则是模式 2 (即美国手)；如果在右侧，则很可能是模式 1 (日本手)。图 4-41 是一个典型的模式 2 的无线电遥控发射机。

图 4-41　模式 2 无线电遥控发射机

模式 2 (美国手)是较为流行的一种操纵方式。通过左侧的操纵杆就可以进行油门调节和左右偏航的控制，即上下移动为油门调节，左右移动为偏航控制。右侧操纵杆控制滚转和俯仰，即上下移动为俯仰控制，左右移动为滚转控制。模式 1 (日本手)的油门/偏航及滚转/俯仰操纵杆位置恰好和模式 2 (美国手)相反(油门/滚转用右手操纵杆，俯仰/偏航用左手操纵杆)。

无线电遥控发射机操纵方式选择哪种模式取决于操控手的偏好，多数发射机可以进行模式 1 与模式 2 的切换，这需要将发射机打开，并改变某些弹簧的位置。通常情况下最好还是直接购买操控手所喜欢模式的发射机。

2) 通道

通道是指无线电遥控发射机能够独立控制的数量，或无线电系统所具有的输出数量。如油门、滚转、俯仰与偏航通道都是该系统上独立的通道。车/船至少要两个通道分别控制方向和速度，固定翼飞机要三个以上的通道，典型的多旋翼飞行器飞行需要至少 5 个通道，其中 4 个分别用于控制无人机的滚转、俯仰、偏航以及油门，最后一个用于进行飞行控制器飞行模式的切换。但有时候还需要更多的通道，以便增加一些其他的控制功能，如控制相机的上下俯仰、拍摄照片或收放起落架等。对于一些高级的无线电遥控系统，可以通过一个通道控制多个功能，从而实现混控。

在多数无线电遥控系统中，通道 1 对应的是遥控设备上的滚转操纵杆，通道 2 对应俯仰，通道 3 对应油门，通道 4 对应偏航。但也有些品牌的无线电遥控设置有所不同，可以在无线电遥控设备中自行设置每个通道的作用。具体如何设置，需要查看遥控发射机的使用手册。

3) 通道反向

飞行前最重要的一件事情，就是检查每个通道的方向设置是否正确，如将油门杆向下推(也就是收到最小)，飞行器读取到这一信号也应当是逐渐减小的。由于无线电遥控系统或飞行控制器不同，它们读取的无线电遥控信号也会有些差异，因此所有的无线电遥控发射机都可以对各个通道进行反向设置。这使得飞行器能够如操控手所期待的那样飞行，例如当操控手向左移动滚转操纵杆，飞行器应能够正确地接收到这一指令，如果飞行器向相反的方向偏转，只需要对发射机上的相应通道进行反向操作，就能够解决这一问题。

4) 失控保护

在设置无线电遥控发射机时，失控保护功能是要进行设置的。失控保护定义了当飞行器接收机与无线电遥控发射机失联时的飞行方式。虽然很少会发生这种情况，但仍然是有可能出现的，如发射机电量耗尽，或飞行器飞出了无线电遥控发射机的工作范围等。

对于无线电遥控发射机来说，失控保护只是提前告诉接收机，当接收机收不到控制信号时需要执行的自动反应。对于传统的航模来说，在飞行的时候模拟失控时的状态，操纵杆找到飞行器可以平稳落地时的操纵杆量，以此为依据提前存入接收机(设置失控保护)，当真的失控时，接收机就会执行提前预存的通道量，让飞行器尽量平稳落地，减小损失。

2. 无线电遥控接收机

无线电遥控接收机是安装在多旋翼飞行器上、用来接收来自无线电遥控发射机的信号的一个小型设备。无线电遥控接收机直接与飞行控制器的输入端连接，并通过飞行控制器为接收机提供电源。图 4-42 所示为一无线电遥控接收机与飞行控制器的连接。

图 4-42　无线电遥控接收机与飞行控制器的连接

1) 通道

和无线电遥控发射机一样，接收机也有一定数量的通道，这些通道对应所能控制的输出信号。但这并不意味着接收机的通道数量要与发射机的一样。如果使用是一款入门级的飞行器，只需要使用 4 通道的接收机进行滚转、俯仰、偏航及油门的控制，这样的接收机要比 10 通道的接收机便宜很多，也小很多。图 4-43 为两种不同通道数的无线电遥控接收机。

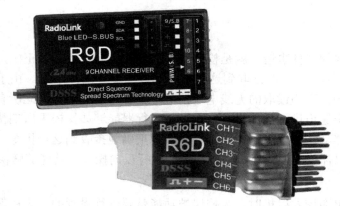

图 4-43　无线电遥控接收机

2) 对频

对频是将无线电遥控接收机与指定的遥控发射机进行连接，这类似于将蓝牙设备与手机进行配对连接。对频的过程根据使用的无线电遥控系统品牌的不同而有所差异，有的采用对频线的方式，当第一次打开接收机，它会自动与最近的遥控发射机进行连接；有的则有一个对频按钮，按下这个按钮进入对频模式。不管是哪种对频的方法，通常情况下无线电遥控系统的使用说明书都会介绍该如何操作。

3) 天线类型

在购买无线电遥控接收机的时候，需要考虑的一件事就是天线的类型，这决定了连接的稳定性和遥控距离。多数便宜的无线电遥控系统采用单根导线作为天线。但在距离较远的情况下，这常常导致信号接收能力较弱。改进的办法就是采用两根导线，这称为"分集式天线"，由于其具有多根天线，因此获取信号的能力得到了提高。还有一些接收机采用平板/PCB 天线，这种天线通常在较远的距离上有最佳的接收性能。图 4-44 所示为 3 种最常见的无线电遥控接收机天线类型。

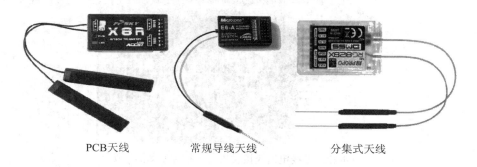

　　PCB天线　　　　　　　常规导线天线　　　　　　　分集式天线

图 4-44　常见无线电遥控接收机天线类型

当将天线安装在飞行器上时，为了防止产生干扰，最好将其安装在远离其他电子器件的位置。如果采用分集式天线，建议每根天线之间间隔 90°，以获得最好的信号接收范围，如图 4-45 所示。针对多旋翼飞行器，碳纤维板能够阻碍大部分无线电信号的传输，为了获得最佳的接收性能，最好将天线安装在机架的侧面或底部，以便在天线与无线电遥控发射机之间没有阻碍。

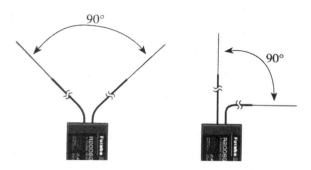

图 4-45　无线电遥控接收机天线安装方式

4.3.3　遥控设备的频率

无线电信号包含载波与调制波，无线电信号的传送必须依靠载波，为了实现电波的远距离发送，载波的频率必须是高频的。

由于世界各国在电台管理上的限制，目前流行的遥控设备已形成了 27 MHz、35 MHz、40 MHz、72 MHz 等几个频段，所有这些频段的发射机与接收机都各用一块晶体来锁定其频率点。晶体通常可以插拔，以便必要时在同一波段范围内可以随意更换。在发射晶体与接收晶体上一般都贴有 Tx(发射用)与 Rx(接收用)字样的标签并标有具体的频率点，但所标的频率点只是发射机的，收发两种晶体的实际频率要相差 0.455 MHz，以便实现超外差式的接收方式。

2003 年，我国信息产业部制定并颁布了各种遥控模型用的无线电设备频率点，分配给航空模型用的频率点为：40.790、40.810、40.830、40.850、72.130、72.150、72.170、72.190、72.210、72.790、72.810、72.830、72.850 和 72.870 MHz，这是大家必须遵守的。在使用 40 MHz、72 MHz 等频段时，每台遥控设备都有一个发射频率，不同频率的遥控设备在一起同时工作不会互相干扰，相同频率的设备同时工作会互相干扰，因此严禁频率相同的设备同时开机操作，外场飞行时一定要统计安排好频率的使用。

2015 年，工信部根据《中华人民共和国无线电频率划分规定》及我国频谱使用情况，规定 840.5～845 MHz、1430～1444 MHz 和 2408～2440 MHz 频段用于无人驾驶航空器系统。

目前，几乎所有的无线电遥控系统都工作在 2.4 GHz 频段上，相对于老式的 72 MHz 系统，2.4 GHz 系统提高了可靠性，耗电更少，工作的稳健性也更强。以前操作飞行器的时候，要特别小心附近有没有其他人也在飞，因为很容易就碰巧使用了相同的频率/通道，信号之间相互干扰，最终导致摔机。现在 2.4 GHz 系统就不存在相互干扰的问题，因为每一个接收机都是与一个发射机相配对或对频的，这就允许多名操控手在同一个地方进行飞行，而不必担心无线电之间的相互干扰，这得益于扩频与跳频技术的发展。

跳频技术把频带分成若干个跳频信道，在一次连接中，无线电收发器按一定的码序列(即一定的规律，技术上叫做"伪随机码")不断地从一个信道"跳"到另一个信道，只有收发双方是按这个规律进行通信的，而其他的干扰不可能按同样的规律进行干扰；跳频的瞬时带宽是很窄的，但通过扩展频谱技术可使这个窄带成百倍地扩展成宽频带，使干扰可能造成的影响变得很小。

简单地说，跳频就是无线电设备不断地从一个频道跳到另一个频道，以最小的流量发现信号(通常以 1000 次/秒的速度进行跳频)。扩频，简单地说就是在给定的频道上以一系列的连发进行信号的传送，以便接收机准确地知道它要接收的是什么。这就使得 2.4 GHz 无线电系统具有很强的抗干扰能力。即便如此，总是会有一些潜在的干扰源，特别是当飞行器飞得很远、信号变得越来越弱的时候。因此，在飞行器上安装接收机时，要尽可能远离其他发射源(如视频传输发射机)和其他电子设备(如电动机)。

4.3.4　遥控设备的调制模式

调制信号对载波的调制方式有多种，目前常用的有调幅(AM)、调频(FM)、脉冲宽度调制(PWM)、脉冲位置调制(PPM)与脉冲编码调制(PCM)几种。AM 是最早被人们采用的一种方式，简单易行，但抗干扰能力较差，目前已只用在低档设备中。FM 抗干扰性能比 AM 好，但目前多半也只在低档设备中使用了。

AM 和 FM 设备都只是用音频信号对载波进行调制，而 PPM 与 PCM 设备则是用脉冲编码信号对载波进行调制，不过二者的编码与解调方式不一样。PCM 的数字化程度较高，理论上抗干扰能力最强。高档设备往往是 PCM 制或是可在 PCM 与 PPM 两种模式中转换选择的。

PWM 是电子设备控制方面一种最常用的方式，如电子调速器(用于控制电动机)和舵机等。大多数的无线电遥控设备的附件，如电子调速器和舵机，都采用这种方法进行通信。PWM 要求每个通道采用一根单独的导线连接，因此如果使用一个 8 通道的接收机，就需要用 8 个连接端口。

PPM 可以认为是一连串的 PWM 信号一个接一个地进行传输。PPM 与 PWM 最显著的不同，就是只用一根线缆就能够传送多个通道的信息，因此可以用一根线将 8 通道接收机与飞行控制器进行连接，这就使得连接的时候非常方便。

PWM 和 PPM 各有优势，很多飞行器制作者更倾向于采用 PPM 方式，这样会使得设备更加简洁，并且接收机和飞行控制器之间连接也比较容易(只需要一根线缆即可)。但另一方面，PWM 也有自己的优点，如果需要控制飞行器上某些特殊的设备或功能，它可以绕过飞行控制器直接与某些通道连接。

有的飞行控制器系统只有一个 PPM 输入端口，这就限制了只能使用能够输出 PPM 信号的接收机；但还是有办法将常规的 PWM 接收机和只能接收 PPM 信号的飞行控制器搭配起来使用的，这就需要使用 PPM 编码器。PPM 编码器组合了所有的 PWM 连接，将它们输出至单独的一个 PPM 输出口，可以直接将它插到飞行控制器上。

遥控设备的调制模式也还有其他一些通信协议可以采用，如 SBUS 或 DSM，它们与PPM 在某种程度上是相似的，也只需要一根线缆就可以与接收机实现连接。

4.3.5　遥控设备的选择

遥控器是人与飞行器之间的连接设备，遥控器的操纵性很大程度上影响了飞行器的飞行状态。对于多旋翼飞行器来说，目前流行的遥控设备是 2.4 GHz 的遥控器，常见品牌有天地飞、华科尔、JR 和 Futaba 等。

遥控器在选择中除了要注意生产商外，还需要注意有不同通道数的遥控器。通道数决定了可以控制飞行器完成的功能。对于多旋翼飞行器来说需要至少有 4 个通道的遥控器，当然多一些可以完成更多的功能。按通道来说，航模遥控器常见的有 6 通道、7 通道、8 通道、9 通道和 12 通道。每一个通道在遥控器上都能找到相应的控制部分。这些通道用于控制飞行器实现不同的功能。需要注意的是，通道数越多遥控器越贵，因此应该按需选择。

(1) 首先根据自己情况以及飞行器的功能确定一套适合的遥控设备。例如，对于四旋翼飞行器，如果只需要实现飞行功能，即需要做升降舵、俯仰舵、偏航和翻滚(旋转)这 4 个动作，也就是说需要 4 个通道控制，因此选择的遥控设备至少应该是 4 通道的。但是很多情况下这不能满足操作者的要求，所以一般选择 6 通道以上的遥控设备，最好的选择是 8 通道遥控设备。

(2) 选择好需要几通道的遥控设备，接下来就是根据自己的经济能力选择合适的遥控设备品牌。遥控设备的品牌从另一个角度也决定着遥控设备的质量与安全。初学者入门时可以选择天地飞的遥控设备，相对来说比较便宜。如果操作熟练后或操作其他航模，最好选择其他更好的遥控设备，如 JR 和 Futaba 等。

(3) 检查一套新的遥控设备。按照包装盒的装配单检查零件数量及型号是否匹配；观察遥控设备的外观，质量好的遥控设备，其外观比较细致；用手感觉操纵杆在中立点附近是否有微小间隙。这些间隙足以影响飞行器在空中飞行的稳定性和准确性。优质的遥控设备操纵杆在中立点不应有间隙。

4.4　飞行控制器的选择

飞行控制器用于在飞行时测量飞行器的运动参数。飞行控制器根据采集的运动参数保持飞行器的飞行状态，并通过控制电动机和其他控制舵面使飞行器向预定的目标飞行。

4.4.1　飞行控制器的组成

飞行控制器是飞行控制系统的核心部件，它执行所有的计算任务以保持飞行器的飞行状态。飞行控制器主要由加速度计与陀螺仪、气压计、磁力计、GPS、距离传感器、光流传感器等组成。图 4-46 为一种飞行控制器的实物图。不同厂家的飞行控制器外形不尽相同，但是功能类似。

图 4-46　飞行控制器实物图

1. 加速度计与陀螺仪

加速度计与陀螺仪是飞行控制器中最重要的两个传感器，它们测量飞行器的姿态角度和旋转速率，并保持飞行器的稳定。

1) 加速度计

加速度计是一个一自由度的测量加速度的传感器。加速度计由检测质量、支承、电位器、弹簧、阻尼器和壳体组成。加速度计能够检测出物体受到的加速度，进而可以通过积分运算求出物体的速度和位移，通过测量重力加速度还可以计算出物体的倾斜角度。但是加速度计并不能区分重力加速度和运动加速度，因此加速度计对振动比较敏感。

多旋翼飞行器上的加速度计可以获得俯仰角、横滚角和偏航角，但是由于多旋翼飞行器在飞行过程中，电动机的高速运转会对机架产生振动等干扰，因此需要对加速度计获取的姿态角数据进行处理。通过融合加速度和陀螺仪的姿态数据，可以获得较为精确的姿态信息。

2) 陀螺仪

陀螺仪的种类较多。从具体的制作结构来讲，陀螺仪的种类包括微机械、光纤、压电和激光陀螺仪等。按照使用的功能和角度，可以分为指示陀螺仪和传感陀螺仪。指示陀螺仪主要用于指示无人机的飞行状态，在无人机的仪表上显示俯仰角、横滚角、偏航角等数据。传感陀螺仪用于无人机的自动控制系统中，通过检测三轴姿态角获得飞行参数，并通过和 GPS、加速度计、磁罗盘等传感器数据融合，构成惯导系统。多旋翼飞行器采用的是微机械陀螺仪，主要测量无人机的俯仰角、横滚角和偏航角。

3) 加速度计与陀螺仪的使用

大多数加速度计芯片上都包含有 3 个加速度测量单元，分别测量飞行器所有 3 个轴(即 X 轴、Y 轴、Z 轴)的加速度。通过将这 3 个加速度测量单元的测量结果进行综合处理，即可获得当前飞行器的姿态角度。例如，如果飞行器处于水平状态，Z 轴的测量值就与重力值相同，而 X 轴和 Y 轴的数值则是 0。同样，陀螺仪测量加速度或旋转角速度，和加速度计一样，多数的陀螺仪芯片能够测量所有的 3 个轴。有些厂商甚至实现了将三轴加速度计和三轴陀螺仪整合到一个芯片中，如图 4-47 所示的 MPU6050 加速度计与陀螺仪。

图 4-47　MPU6050 加速度计与陀螺仪

在实际应用中，陀螺仪会随着时间的推移而发生漂移，而且由于在飞行器转弯时离心力的作用，加速度计的测量数据会失真，因此要对飞行器真实的姿态角度保持持续的跟踪还存在一定难度。为此，飞行控制器通常综合其他传感器如 GPS、气压计和罗盘等的信息，以获得更加精确的测量结果。

第一次设置飞行控制器时，需要对加速度计进行校正，因为在制造和运输过程中可能会使得传感器产生一定程度的偏移量。校正的过程可通过软件对这个轻微的偏移进行修正。为了得到最佳的结果，在校正过程中，可使用气泡水平仪以确保在校正传感器时，飞行控制器处于精确的水平状态。

2．气压计

气压计是飞行控制器上一个灵敏度很高的压力测量传感器，用于测量飞行器的高度(当飞行器飞行高度较高而无法使用超声波传感器测量高度时，应使用气压计测量飞行器的高度)。地球上的大气压是随高度的变化而变化的，它与海拔高度的关系是：高度增加，大气压减小。因此，飞行器在上升或下降过程中，空气压力会发生改变，气压计能够测量出这种变化，并转换为相应的高度变化值。大多数气压计传感器还内置了一个温度传感器，以补偿由于温度变化而对压力产生的影响。目前多数用于飞行控制器上的气压计，其对高度变化的测量精度都能够达到亚厘米级别。图4-48所示为一种型号为MPL3115A2的气压计实物图。

图4-48　MPL3115A2气压计实物图

虽然压力的变化能够很好地给出高度变化的指示，但通常气压计在测量飞行器相对于海平面的绝对高度方面却不准确。因此，为了获得更精确的测量结果，飞行控制器要综合使用来自GPS传感器的高度信息。当飞行器起飞时，飞行控制器将使用从GPS获得的海平面高度值作为修正参照点，再用气压计测量相对于这一高度的微小的变化量。

3．磁力计(罗盘)

罗盘传感器测量飞行器周围的磁场，从而使得飞行控制器知道飞行器飞行的方向。由于多旋翼飞行平台上安装的电动机有很大的磁性，为最大限度地减小对罗盘传感器的电磁干扰，罗盘通常和GPS模块安装在一起，并安装在远离其他电子元器件的位置。

由于飞行场地的不同，周围的磁场环境也会有所不同，因此当在一个新的环境准备放飞飞行器前，应当对罗盘进行快速校正，以使飞行器获得最佳的飞行性能。校正通常可采用绕着飞行器的每个轴进行旋转的方法进行。在罗盘校正的过程中，要确保校正的地方远离任何金属物体或输电线。

罗盘如果没有得到很好的校正，或者存在较大的电磁干扰，所导致的飞行器通常的表现被称作"马桶效应"(即像冲马桶时水旋转的样子)。当将多旋翼飞行器设置为"位置保持模式"时，这一现象尤其明显。如果罗盘遭到的电磁干扰太多，飞行控制器将无法保持正确的飞行方向，将会造成无人机围绕"位置保持"点旋转，旋转圈的半径越转越大且转速越来越快。如果在试飞中发生这一情况，只需要切换回手动模式，就可以控制多旋翼飞行器飞回并着陆。

4．GPS (全球定位系统)

GPS接收机能够为无人机提供定位信息，这就能让无人机知道自己所处的位置。GPS的工作原理是测量一颗GPS卫星发送信号到达接收机所用的时间，并通过将其转换计算出距离。通过获取由多颗卫星测得的距离从而得到三维的位置信息。然而，这些信号有可能会受到干扰，有时候还会在物体之间相互反射，这就意味着要更长的时间才能到达接收机；因此GPS也不是那么完美精准，水平方向的典型精度通常是5～10米，垂直方向大约是15米。GPS最有用的方面就是它能够给出无人机相对于地球的三维位置绝对值，再结合其他传感器，如气压计测得的相对高度，将所有这些数据综合起来，就能够估算出无人机较为精确的位置。如果能连接到更多的卫星，也会使得估算的位置更加精确。图 4-49 所示为不同型号的 GPS 模块。

图 4-49　不同型号 GPS 模块

在放飞飞行器之前，飞行控制器上电启动时，这时要稍等片刻，让它建立与足够多的 GPS 卫星的联系，以获得初始位置信息并记录下来，作为起飞点参数保存起来，这一点也是返航点。如果这个过程存在某些偏差，当让无人机返航回到起飞点，可能会存在几米的误差。

为了进一步提高 GPS 定位的精度，一些高级的 GPS 模块能够连接其他的卫星定位网络，诸如俄罗斯的"格洛纳斯"(GLONASS)卫星定位系统和中国的北斗卫星导航系统(BDS)，这样就能极大地增加定位模块连接的卫星数量，反过来也相应地提高了定位精度和可靠性。所以比较好的一个选择就是使用同时能兼容美国 GPS 和俄罗斯"格洛纳斯"卫星定位系统或中国北斗卫星导航系统的 GPS 模块，这样能够获得最佳的性能。

在确定 GPS 模块的安装位置时，要确保其天向视野没有遮挡物，以便其能够从 GPS 卫星处接收到信号。如图 4-50 所示，许多多旋翼飞行器的 GPS 和罗盘模块安装在一个小的桅杆上，以确保它们不受其他器件的干扰。

图 4-50　GPS 和罗盘模块的安装

在固定翼飞行器上，GPS 模块也应当安装在天向视野方向没有遮挡的位置。如果飞行器是用泡沫做的，也可以将模块安装在机体内部，因为 GPS 信号可以轻而易举地穿透泡沫。但如果是玻璃钢或碳纤维机身的飞行器，则需要将其安装在外部，因为 GPS 信号不大容易穿透这些材料。

5．距离传感器

多旋翼飞行器上加装距离传感器，可提供一些新的功能，并能提高其安全性。用于飞行器上的距离传感器大多是超声波传感器，如图 4-51 所示。

图 4-51　超声波传感器模块

超声波传感器通过测量从超声波发射到遇到物体并反射回来所需要的时间，从而测算出距离。一些昂贵和更精确的系统则采用激光测量从物体反射回来的时间。基于激光的系统其测量距离也比基于超声波的要远得多。距离传感器最常见的一个用途就是测量飞行器距离地面的高度，这在飞行器起飞和着陆过程中是非常实用的。此外，也可以将距离传感器安装在飞行器的头部，以避免与障碍物发生碰撞。

超声波距离传感器在诸如水泥地面这样的硬地面环境中，性能是最好的，有些自然环境中的地面，如草地，则会散射和吸收声波脉冲，从而降低精度。

6．光流传感器

光流传感器是一种把图像采集系统(IAS) 和数字信号处理器(DSP)整合到一个芯片上，并内嵌光流算法的一体式视觉传感器。图 4-52 所示为某型号光流传感器模块实物图。

—— 光流传感器

图 4-52　光流传感器模块

光流传感器能对视觉运动进行测量并输出二维测量值，常用于计算机的光电鼠标中，作为测量鼠标运动的主要感应元件。此外，光流传感器也用于机器人的视觉运动测量和相对运动感知。近年来，使用光流法进行飞行导航和避障也成为小型飞行器研究领域的一个热点。

光流传感器的工作原理是：光流传感器通过 IAS 以一定速率连续采集物体表面图像，

再由 DSP 对所产生的图像数字矩阵进行分析。由于相邻的两幅图像总会存在相同的特征，通过对比这些特征点的位置变化信息，便可以判断出物体表面特征的平均运动，这个分析结果最终被转换为二维的坐标偏移量，并以像素数形式存储在特定的寄存器中，实现对运动物体的检测。

目前，几乎所有的多旋翼飞行器都依赖于 GPS 卫星提供位置信息。但是，当在室内进行飞行，或靠近高大的建筑物以及在较大的树木下面飞行时，GPS 信号通常会比较弱，而无法提供可靠的定位信息。因此，有些飞行控制器系统支持采用光流传感器来自动地协助保持飞行器的位置，使得多旋翼飞行器能够在没有 GPS 信号的情况下依然保持其飞行位置。光流传感器本质上和电脑鼠标上用的传感器是一个类型的，它是一台低精度的相机，能够记录像素点的移动，从而估算运动距离。然而，光流传感器只能在较低的高度使用(距离地面低于 10 米)，并且地面最好有足够大的颜色反差，比如草地。

4.4.2　飞行控制器的飞行模式

飞行控制器通常可以设置多种飞行模式，这可以改变飞行器飞行时的实际表现。飞行模式可通过无线电遥控器上的一个开关通道来实现切换。具体的飞行模式要看操控者所使用的飞行控制器，但以下几种是基本的飞行模式。

1. 稳定模式

稳定模式是使用得最多的飞行模式，也是最基本的飞行模式，起飞和降落都应该使用此模式。此模式下，飞行控制器会让飞行器保持稳定，是初学者进行一般飞行的首选，也是 FPV 第一视角飞行的最佳模式。

2. 定高模式

初次试飞之后就可以尝试定高模式，此模式不需要 GPS 支持，飞行控制器会根据气压传感器的数据保持当前高度。稳定模式和定高模式之间切换时，要让遥控发射机的油门在同一位置，避免因模式切换、油门控制方式发生变化造成飞行器突然上升或者下降。

3. 返航模式

返航模式需要 GPS 定位。当飞行器切换到这一模式时，它将飞到指定高度，然后返回到起飞位置。有些飞行控制器可以控制飞行器在起飞位置着陆。通常也可以在飞行控制器上将这一模式设置为失控保护的一种措施，比如当遥控器的信号丢失时，飞行器可以自动地飞回来。

需要注意的是，返航模式在有些环境下要谨慎使用。许多飞行控制器会默认设定，当飞行模式切换至此模式时，飞行器会升至一个"安全高度"然后沿飞行器所在位置点与起飞点之间的直线返航。但一旦飞行器处于视距范围之外，我们不能确定这条直线上是否会有障碍物遮挡。例如：操控者操控飞行器绕过一栋 100 米高的大楼，以 30 米的高度在楼的背面执行航拍任务，由于飞行器超出了视距范围，此时操控者有些手足无措，因此操控者切换到返航模式。那么飞行器会上升至 50 米的"安全高度"，然后沿着直线飞回起飞点，而在这条直线上有一栋 100 米高的大楼，于是悲剧就这么发生了。因此，在使用这项功能的时候，务必要谨慎。

4．自动模式

此模式下飞行器会自动执行地面站设定好的任务并自动地进行飞行。这通常需要预先设置一个飞经若干航路点的任务，飞行器就可以自动起飞，执行该任务，然后返回降落。有些飞行控制器还可以在航路点执行一些预定的任务，例如起飞、按顺序飞向多个航点、旋转、收起落架或拍摄照片等。

这种飞行模式依赖导航系统，只能在 GPS 信号良好的情况下使用。测绘等领域经常使用这种飞行模式。

4.4.3　飞行控制器的 PID 调节

1．PID 调节的基本原理

PID 控制是自动化控制领域应用非常广泛的一种控制方式，PID 控制系统的主要任务是设计 PID 控制器。PID 控制器是利用设置给定的目标值与实际输出值构成的偏差，对被控对象进行的一种线性控制，控制系统通常由被控对象和 PID 控制器两部分组成。PID 控制器的原理如图 4-53 所示，它由比例调节、积分调节和微分调节构成。P 代表比例调节，I 代表积分调节，D 代表微分调节，从这些名词中可以看出，PID 控制是以数学中一项重要的分支——微积分学为基础的数字化自动控制方式，它以传感器采集的数据作为输入源，按预定的 PID 参数根据特定的公式计算以后输出控制。

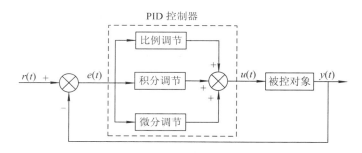

图 4-53　PID 控制器的原理

在图 4-53 中，$e(t)$为控制偏差，是 PID 控制器的输入；$u(t)$为 PID 控制器的输出；$y(t)$为被控对象的实际控制输出量。

控制器的输入，即控制偏差为

$$e(t) = r(t) - y(t)$$

式中，$r(t)$为给定目标值。

PID 控制器将控制偏差的比例、积分和微分通过线性组合构成控制量，对被控对象进行控制，其控制规律为

$$u(t) = K_P e(t) + K_i \int_0^t e(t) \mathrm{d}t + K_d \frac{\mathrm{d}e(t)}{\mathrm{d}t}$$

式中，K_P为比例系数；K_i为积分系数；K_d为微分系数。

K_P、K_i、K_d这三个参数对系统的稳定性、响应速度、超调量和稳态精度等方面都起着不同的作用。比例调节、积分调节和微分调节分别具有以下作用。

1) 比例(K_P)调节

比例调节主要用于提高系统的动态响应速度和减小系统稳态偏差即提高系统的控制精度。该调节成比例地反映控制系统的偏差信号，一旦产生偏差，控制器立即产生控制作用，以减少偏差使实际值接近目标值。控制作用的强弱主要取决于比例系数的大小，比例系数过大，会使系统的动态特性变差，引起输出振荡，还可能导致闭环系统的不稳定；比例系数过小，被控对象会产生较大的静差，达不到预期的控制效果，所以在选择比例系数时要合理适当。

PID 调节原理比较复杂，为便于初学者理解 PID 工作原理，以火车进站的例子来说明。一列即将到站的火车在快要到达站点的时候会切断输出动力，让其凭借惯性滑行到站台位置。假如设置火车以 100 km/h 的速度在站前 1 km 的地方切断动力开始滑行，那么这个 100 比 1 就是比例 K_P 的含义，K_P 越大，它在站前开始滑行的速度就越快，进站时间就短。但过快的初始滑行速度会导致火车在惯性的作用下冲过站台，不能停靠在指定位置，这样火车就不得不进行向后倒车，但是因为 K_P 值过大，倒车以后的滑行也会同样使火车倒过头。如此一来，就形成了一种反复前行后退的震荡局面。而 K_P 设置小了，进站速度会变得非常缓慢，进站时间延长。所以设置一个合适的 K_P 值是 PID 调节的首要任务。由于 K_P 是一个固定的数值，如果将火车的速度与站台的距离用一个坐标图理想化地表现出来，不考虑惯性及外力的作用，这两者的关系呈现出来的 K_P 调节的结果会是一条直斜线，斜线越陡，代表进站时间越短，如图 4-54 所示。

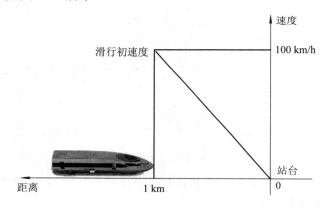

图 4-54　比例(K_P)调节示意图

图 4-54 中的 K_P 调节结果只是为了方便理解，在实际中是根本不可能出现的，PID 计算的结果也不是这样子。不管怎样，如果只有 K_P 调节，火车要么设置一个比较低的 K_P 值以非常缓慢的速度到达目标站台，要么就是冲过站台，很难在速度与准确度之间求得平衡，因此，还需要引入微分(K_d)调节。

2) 微分(K_d)调节

微分调节是根据偏差信号的变化趋势对其进行修正，在偏差信号值变得太大之前，引入一个有效的修正信号，从而使系统的动作速度加快，减小调节时间。

根据上面举的例子，假如 K_P 等于 100 的时候，火车刚好能滑行到站台，所耗费的时间是 10 分钟。但是对一个自稳定性能要求很高的自动化系统来说，这 10 分钟的时间太长，应该采取措施减小进站时间。如果把比例(K_P)调节的 K_P 值增大到 120，让火车司机驾驶火车在站前 1 km 的地方以 120 km/h 的速度开始减速滑行，然后在站前 500 米的时候让速度降为 80 km/h，站前 300 米时让速度降为 50 km/h，站前 100 米的时候让速度降为 20 km/h，站前 10 米的时候让火车在较短的时间内滑行到站台准确的位置，这样一来，进站速度会大大加快，原来需要 10 分钟的进站时间可能只需要 5 分钟就行了。这就是微分(K_d)调节的作用，如果仍以坐标图形象表达微分(K_d)调节对比例(K_P)调节的影响，那就是 K_d 使 K_P 调节出来的一条直线变成了一条曲线，如图 4-55 所示。

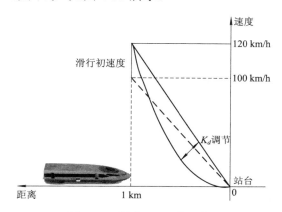

图 4-55　微分(K_d)调节示意图

在 PID 公式中，微分(K_d)调节的作用就是改变比例(K_P)调节的曲线，K_d 的数值越大，对 K_P 的影响也越大。在图 4-55 中，加入 K_d 后的曲线前期较陡，进站比较快，后期平缓，使得火车可以平稳准确地进站。

3) 积分(K_i)调节

在一般的 PID 控制中，当有较大的扰动或大幅度改变给定值时，由于有较大的偏差，以及系统有惯性和滞后，故在积分项的作用下，往往会产生较大的超调和长时间波动、振荡次数增加和调整时间延长，使系统的稳定性下降。通常用积分系数来表示积分作用的强弱，积分系数越大，积分作用越强，消除偏差的过程会加快，但取值太大会导致系统趋于不稳定。

假如上面的例子中，火车靠站以后，离最终的目标停止线差了 1 米，虽然也可以认为这是一次合格的停车，但如果认可了这 1 米的误差，那在此基础上火车第二次靠站就会有 2 米的误差，如此以往，误差会越来越大。因此，需要把这个误差记录下来，当火车第二次进站的时候就可以发挥作用，如果差了 1 米，火车驾驶员就可以在原来的 K_P、K_d 调节基础上进行积分，延迟 1 米输出(或者提前)，即 999 米开始减速，最终就可以刚刚好到达停止线。

由于积分(K_i)调节是建立在 K_P、K_d 调节的基础上的，K_P、K_d 调节的改变会影响积分(K_i)调节的效果，因此，PID 调节的步骤就是先进行比例(K_P)调节，确立灵敏度；接着进行微分(K_d)调节，调整平稳度；最后进行积分(K_i)调节，确定精度。

PID 调节是比较复杂的，通过上面的例子，初学者对于 PID 调节的基本工作原理可获得一些基本的了解，实现 PID 调节的简单入门。

2．PID 调节在多旋翼飞行器中的应用

PID 调节在飞行控制器的多个方面都有应用，如保持固定的飞行高度，保持指定的 GPS 位置等。PID 控制器也用于电子调速器、舵机、稳定云台和许多其他的设备。通常在某一给定的飞行控制器上设定的默认 PID 参数都能够满足飞行的需要，一般并不需要担心 PID 调节的问题，但随着对飞行控制器越来越了解，有时可能会更愿意自己调节 PID 参数，以获得飞行器最佳的飞行性能。

3．多旋翼飞行器 PID 调节过程

为调节 PID 控制器，这里给出一个推荐的调节过程。开始调节时，应逐渐增加 K_P 项的值，直到产生一些振荡。一旦达到这个状态，要稍微减小一点 K_P 项的值。接下来调节 K_i 项，也是逐渐增加直到产生振荡，然后再稍微减小一点，直至振荡停止。PID 控制器的 K_d 项默认值是零，如果 K_d 项有一定数值，则需要进行调节，调节的方法就是慢慢减小 K_d 项的值，直到飞行器变得不稳定，然后再增加至产生不稳定前的最小值。

为了更好地理解 PID 值是如何改变系统的，互联网上有一些交互式的 PID 模拟器，通过模拟器可以改变这些数值，从而看到这些数值是如何产生作用的。

目前出品的新型飞行控制器可通过一次自动的试飞，自动地对飞行器计算出最佳的 PID 参数值。为了获得最佳的结果，试飞时不但要确保飞行器处于可飞行的状态，而且还需在一个风平浪静的天气里进行。通常情况下，飞行控制器的默认 PID 值已经足够。

4.4.4　飞行控制系统地面站功能

飞行控制系统地面站专为高端的商用及工业用无人飞行器进行超视距(BVR)全自动飞行作业而设计，配备了可靠的遥测模块(Data Link)和人性化设计的地面站控制软件(GCS)。使用者可以在地面站控制软件中预先规划整个飞行航线，以及预设拍照、空投等作业动作。通过软件的航线自检功能和 3D 化的地理信息显示，可对飞行任务的合理性和准确性一目了然。

1．飞行控制系统地面站组成

1) 遥测模块

遥测模块是可以进行相互通信的小型无线电设备，当无人飞行器飞行时，可以与飞行控制器进行"通话"。多数的遥测系统是可以进行双向通信的，不仅仅可以接收飞行控制器的信息，也可以从地面给飞行控制器发送遥控指令。基本的遥测系统包括两个模块，一个位于无人飞行器上，另一个位于地面，如图 4-56 所示。

图 4-56　遥测模块

遥测模块通常采用的频带为 433 MHz，遥控设备(2.4 GHz)或 FPV 设备(5.8 GHz)都不使用这个频带，从而最大限度地降低了产生干扰的可能性。

433 MHz 的遥测模块使用距离是 1000 米，这对于多数的系统而言已经是理想的选择。然而，还有其他的一些遥测方案，比如基于蓝牙的，但它只对近距离通信是有用的，主要是用于改变无人飞行器的参数，免去了连接 USB 线的麻烦。

建立遥测链路虽然不是必需的，但它的存在的确可以使无人飞行器形成一个完整的系统，可以监视飞行的状态，在飞行过程中改变飞行器的参数，还可以设置航路点，以及飞行时发送其他指令。即使在不飞行的时候，它也是很有用的，比如当需要检查和改变参数时都可以通过地面站软件进行控制，而不必每次都插拔 USB 线了。

2) 地面站软件

地面站软件用于通过遥测模块在地面站和无人飞行器之间发送和接收指令，从而实现从地面控制无人飞行器。许多飞行控制系统包含有地面控制软件，该软件通常包含有某种类型的地图，便于跟踪无人飞行器的位置并设定航路点，如图 4-57 所示。

图 4-57 地面站软件

有些地面站软件可在智能手机或平板电脑上运行，当外出放飞时就不必携带笔记本电脑了。地面站软件还可用于安装或更新飞行控制器的固件，以及改变无人飞行器的设置参数等。

2. 飞行控制系统地面站功能与特点

飞行控制系统地面站能确保飞行器稳定的飞行状态和安全性、精确地航线飞行，再辅以全自动起飞/降落、自适应转弯调整、遇险自动返航等高级功能，可实现整个飞行任务在无人干预的情况下全自动执行，大大降低了无人飞行器专业应用的复杂程度，可广泛应用于专业航拍(AP)、遥感测绘、航空探矿、灾情监视、交通巡逻、治安监控、森林防火、电力巡线等领域。

大多数地面站软件都具有以下特点：人性化界面设计；工业级飞行控制算法；实时飞行仪表盘；遇险自动返航/一键返航；键盘/自定义摇杆飞行控制；全自主起飞/降落；自定义航点；预设航线模板；自定义舵机通道控制；批量航线动作任务设置；实时飞行航线编辑；F 通道控制器；相对坐标编辑器；仿真飞行模拟；飞行任务导入/导出。

4.4.5　飞行控制器的选择

飞行控制器是多旋翼飞行器的大脑，它的主要功能是读取不同传感器的数据，从而计算及控制各个电动机的输出，使其能做出各种的动作及任务。每种飞行控制器都被写入了自己的飞行程序，飞行程序决定了运算的方式，也决定了飞行器的表现。如果飞行程序写得不好，飞行器有可能随时堕毁及飞走。

选取飞行控制器时，首先最重要的是清楚它的性能和功能，选适合自己的，并注意飞行控制器的说明。例如，飞行控制器最多支持几轴飞行器；各个电动机的编号及方向；飞行控制器与遥控器的配合；飞行控制器在插上遥控器接收机及电子调速器时，各个引脚对应着哪个通道；安装飞行控制器时，哪个方向是飞行控制器的前方；与各个姿态传感器的对应关系是怎样的。其次，了解飞行控制器如何进行程序的更新以及和电脑的交互；使用什么编译环境编写的程序；程序中使用了怎样的控制思路。

总之，飞行控制器是整个多旋翼飞行器的核心，而为了完成上述的任务，飞行控制器必须有比较强大的处理器，还需要有与之配套的传感器，如陀螺仪、加速度计等的配合。

目前市场上的飞行控制器实在太多，下面为大家介绍几种常用的飞行控制器。

1．DJI-NAZA-M (哪吒)飞行控制器

哪吒飞行控制器可以说是市场上使用最普遍的飞行控制器，无论是 Naza Lite 和 Naza V2 都很受欢迎，主要原因是其 GPS 模式下有着极佳的稳定性且非常容易设定。哪吒飞行控制器属于闭源飞行控制器，意思是无论是硬件及飞行软件都不能任意改动，基本上它只可以支持自己品牌出品的配件。图 4-58 所示为 DJI-NAZA-M 飞行控制器。

图 4-58　DJI-NAZA-M 飞行控制器

DJI-NAZA-M 具有智能方向控制(IOC)功能。在普通飞行过程中，飞行器的飞行前向为飞行器的机头朝向。启用智能方向控制后，在飞行过程中，飞行器的飞行前向与飞行器机头朝向没有关系。另外，DJI-NAZA-M 还具有失控返航功能。当飞行器与遥控器之间，因为控制距离太远或者信号干扰失去联系时，系统将触发失控保护功能，在 GPS 信号良好的

情况下，自动触发自动返航安全着陆功能。此外还新增加了遥控器开关触发自动返航的功能，无需进入失控保护模式。

图 4-58 所示的哪吒飞行控制器的优点是：设定简单，GPS 模式下表现相当稳定，初学者也能容易掌握飞行。缺点是：飞行模式不多，很多参数都不能设定，飞行控制器及其配件价格较高。

2．DJI-WooKong(悟空)飞行控制器

悟空飞行控制器是 DJI 的中级飞行控制器，具有高级的运算程序，其 GPS 定点比 NAZA V2 更稳定，其他功能和 NAZA V2 差不多。图 4-59 所示为 DJI-WooKong 飞行控制器。

图 4-59　WooKong 飞行控制器

无论是搭载专业的还是业余的多旋翼飞行器平台，DJI-WooKong 飞行控制器都可以为其提供稳定的自主平衡和精准的 GPS 定位悬停功能。多旋翼飞行器平台从四旋翼到八旋翼，DJI-WooKong 飞行控制器均可适用。

DJI-WooKong 的云台稳定功能适用于几乎全部的两轴稳定云台结构，只需要通过一次性的参数设定，系统就会根据整个飞机的飞行姿态，对云台进行及时的矫正和调整，使镜头保持在一个稳定的角度，增加航空拍摄的稳定度。

DJI -WooKong 适用于市场上绝大多数的遥控器和接收机设备，如 PCM 或 2.4 GHz 设备，应用简单，提供了更多选择。同时 DJI-WooKong 也增加了对 PPM 接收机设备的支持，安装 PPM 接收机后内部布线格局将变得更为简洁美观。

DJI-WooKong 飞行控制器的优点是在 GPS 模式下表现相当稳定，初学者也能容易掌握飞行。其缺点和 NAZA V2 一样，飞行模式不多，飞行控制器及其配件价格较高。

3．DJI-A2 飞行控制器

DJI-A2 多旋翼飞行控制器，是一款成熟的工业级商用多旋翼平台飞行控制系统，全方位开创了严苛环境下完美飞行控制及精准定位的新时代，是 DJI 的最高级的飞行控制器。无论是在 GPS 还是 IMU 方面都比 WooKong 都有所改良，即使在 GPS 信号不好的地方也有相对稳定的表现。

DJI-A2 具备热点环绕功能，在 GPS 信号良好的情况下，可以通过拨动遥控器上预先设置好的开关，将飞行器当前所在的坐标点记录为热点。以热点为中心，在半径 5 米至 500 米的范围内，只需要发出横滚的飞行指令，飞行器就会实现 360° 的热点环绕飞行，机头方向始终指向热点的方向。该功能设置简单，使用方便，可实现对固定的景点进行全方位拍摄。

DJI-A2 具有智能起落架功能。使用智能起落架功能，一旦通电后，保护起落架在地面

默认放下(不会意外收起)；在紧急情况时(如断桨保护、自动降落等)放下起落架，以保护飞行器和云台；飞行高度超过 5 m 后可通过设置的开关控制起落架的收起和放下。图 4-60 所示为 DJI-A2 飞行控制器。

图 4-60　DJI-A2 飞行控制器

　　DJI-A2 飞行控制器的优点是无论其稳定性还是功能都是 DJI 最好的飞行控制器，缺点是价钱昂贵。

4．APM 飞行控制器

　　APM(ArduPilotMega)飞行控制器是由 DIY 无人机社区(DIY Drones)在 2007 年推出的飞行控制器产品，是当今最为成熟的开源硬件项目。APM 基于 Arduino 的开源平台，对多处硬件做出了改进，包括加速度计、陀螺仪和磁力计组合惯性测量单元(IMU)。由于 APM 良好的可定制性，APM 在全球航模爱好者范围内迅速传播开来。通过开源软件 Mission Planner，开发者可以配置 APM 的设置，接受并显示传感器的数据，使用 google map 完成自动驾驶等功能。

　　目前 APM 飞行控制器已经成为开源飞行控制器的标杆，可支持多旋翼、固定翼、直升机和无人驾驶车等无人设备。针对多旋翼，APM 飞行控制器支持各种四、六、八轴产品，并且连接外置 GPS 传感器以后能够增稳，并完成自主起降、自主航线飞行、回家、定高、定点等丰富的飞行模式。APM 能够连接外置的超声波传感器和光流传感器，在室内实现定高和定点飞行。图 4-61 所示为 APM2.6 飞行控制器。

图 4-61　APM 飞行控制器

APM 飞行控制器的优点是开源、功能强大，支持平台类型多，价格相对便宜并支持不同品牌的配件，而且所有地面站软件都是免费的。其缺点是要掌握 APM 的强大功能就必须对多轴及飞行控制器的原理有一定的了解，调试飞行器的过程相对繁复，要注意的细节也较多，需要掌握较多的理论知识。

5．PIXHawk 飞行控制器

PIXHawk 飞行控制器是由 3DR 联合 APM 小组与 PX4 小组于 2014 年推出的 PX4 飞行控制器升级版本，拥有 PX4 和 APM 两套固件和相应的地面站软件。该飞行控制器是目前全世界飞行控制器中硬件规格最高的产品，也是当前爱好者手中最炙手可热的产品。图 4-62 所示为 PIXHawk 飞行控制器。

图 4-62　PIXHawk 飞行控制器

PIXHawk 飞行控制器拥有 168 MHz 的运算频率，并突破性地采用了整合硬件浮点运算核心的 Cortex-M4 的单片机作为主控芯片，内置两套陀螺和加速度计 MEMS 传感器，互为补充矫正，内置三轴磁场传感器并可以外接一个三轴磁场传感器，同时可外接一主一备两个 GPS 传感器，在故障时自动切换。

PIXHawk 飞行控制器基于其高速运算的核心和浮点算法，使用最先进的定高算法，可以仅凭气压高度计便将飞行器高度固定在 1 米以内。它支持目前几乎所有的多旋翼类型，甚至包括三旋翼和 H4 这样结构不规则的产品。它使飞行器拥有多种飞行模式，支持全自主航线、关键点围绕、鼠标引导、"FollowMe"、对尾飞行等高级的飞行模式，并能够完成自主调参。

PIXHawk 飞行控制器的优点是开放性非常好，几百项参数全部开放给使用者调整，靠基础模式简单调试后亦可飞行。PIXHawk 飞行控制器集成多种电子地图，爱好者们可以根据当地情况进行选择。其缺点和 APM 飞行控制器一样，但价格比 APM 飞行控制器贵。

6．CC3D 飞行控制器

CC3D 是 Openpilot 社区最流行的飞行控制器，已经是 300 mm 以下轴距穿越机和超小室内航模的首选飞行控制器。CC3D 飞行控制器只采用一颗 72 MHz 的 32 位 STM32 单片机和一颗 MPU6000 就能够完成四旋翼、固定翼、直升机的姿态控制飞行，电路板大小只有 35 mm × 35 mm，如图 4-63 所示。

图 4-63　CC3D 飞行控制器

与所有开源飞行控制器不同，CC3D 不需要 GPS 融合或者磁场传感器参与修正，就能保持长时间的姿态控制。以上所有功能全部使用一个固件，通过设置便可更改飞机种类、飞行模式、支持云台增稳等功能。其地面站软件集成了完整的电子地图，可以通过电台实时监测飞行器状态。

由于 CC3D 飞行控制器固件稳定，配置简单，价格便宜，而且有强大的地面站上位机支持，因此非常受使用者欢迎。

从 2015 年开始，用于穿越机的飞行控制器发展非常迅速，每半年就有一个新设计的飞行控制器脱颖而出，引领整个穿越机的发展，至今已经经历了 CC3D，Naze32，F3 飞行控制器这 3 个时期。这类飞行控制器也是现在市面上流行的飞行控制器，它们的固件基本上都是使用 Cleanflight。

第 5 章 多旋翼飞行器组装

本章将介绍多旋翼飞行器从选择不同部件到将它们组装在一起的全过程，以及安装注意事项。旨在向读者介绍普通四旋翼飞行器的安装方式及关键的制作技术，让读者了解安装过程，指导读者首次安装四旋翼飞行器的设备。

5.1 机型及主要部件的选择

在组装飞行器之前，首先要确定飞行器的用途，这将影响其使用的设备类型。在本章中，将以安装一台 F450 四旋翼飞行器为例说明多旋翼飞行器的组装过程。F450 四旋翼飞行器适合用来练习安装和调试飞行器、学习如何飞行以及进行航拍。

5.1.1 飞行控制器的选择

在确定飞行器的用途以后，就可以查询各种飞行控制器的特性参数，根据需要做出选择。针对初学者而言，APM 飞行控制器是开源的，各种接口齐全，是学习多旋翼飞行器入门首选。在这个装机实例中，将会详细介绍如何安装调试 APM 飞行控制器，不用担心太过复杂而不会用。目前，APM 飞行控制器常见的是 2.8 版本，带内置罗盘。APM 飞行控制器内置气压计，需要用黑色海绵盖住气压计避免干扰，因此购买 APM 飞行控制器时一定要带外壳。另外，为了减少飞行控制器的安装高度，应选择接口为弯针的版本(输入和输出接口在飞行控制器的侧面)，如图 5-1 所示。

APM 飞行控制器板载的加速度传感器易受震动影响，在安装时要考虑飞行控制器的减震。APM 飞行控制器的减震利器是所谓的减震支架，由两块玻纤支架加 4 个减震球组成，能有效地减少有害的震动，如图 5-2 所示。

图 5-1 APM 飞行控制器

图 5-2 APM 飞行控制器减震床

5.1.2　机架的选择

通常情况下机架能够支撑的质量越大，其自身的质量也越大，因为它需要使用更结实的材料，还要做额外的结构加强。在此实例中，初学者可选择入门常用的 F450 机架，轴数是 4 轴，轴距是 450 mm。考虑成本的问题，机架材料使用普通的工程塑料。为了容易分辨飞行器在空中飞行时机头方向，选择机架时，机臂应选择两种不同颜色，由于白色机臂跟天空颜色对比不明显，因此一般选择红色和黑色的机臂。考虑到后续的安装布线，机架选择带 PCB 的中心板，如图 5-3 所示。

图 5-3　机架及中心板

初学者练习降落时较难缓慢地接地，在降落速度过快的时候容易摔机，这时候可以使用附加脚架(也可以使用机臂自带的脚架)，附加脚架可起到很好的缓冲作用，保护飞行器不被损坏，而且也有利于后续安装航拍设备。附加脚架的缺点是使飞行器重心升高，降落的时候会增加颠覆飞行器的几率而打坏螺旋桨，并且增加机身的重量。

对于初学者而言，如果是在水泥地上练习飞行器的降落，最好使用附加脚架，这样可以有效地保护飞行器；如果是在泥地或者草地进行试飞练习，则可选加附加脚架。以后如果要增加航拍设备，就一定要使用附加脚架。图 5-4 所示为在这个装机实例中使用的简易型附加脚架，高度是 15 cm，单个重量是 18 g。

图 5-4　简易型附加脚架

5.1.3　电动机和螺旋桨的选择

1. 估算机载设备的质量

为了正确选择电动机，产生足够升力，需要弄清楚所有机载设备的大致质量。由于电动机、电池等设备还没有选择，因此现阶段只能估算机载设备的质量。机载设备的质量可以从厂家以及其他飞行器爱好者处获得。表 5-1 为此装机实例中使用的设备质量估算。

表 5-1　设备质量估算

设备名称	数 量	单个质量	总质量
飞行控制器	1	约 80 g	约 80 g
机架及附加脚架	1	约 360 g	约 360 g
电动机	4	约 75 g	约 300 g
螺旋桨	4	约 15 g	约 60 g
电子调速器	4	约 30 g	约 120 g
飞行控制器供电模块	1	约 30 g	约 30 g
2600 mA · h3S 电池	1	约 250 g	约 250 g
GPS 模块	1	约 70 g	约 70 g
遥控器回传模块	1	约 50 g	约 50 g

表 5-1 中各设备总质量约为 1320 g，加上其他零部件，此装机实例中飞行器总质量约为 1.5 kg。因此，飞行器要实现悬停，所有电动机联合工作时需要产生的总拉力要与这个质量数据相匹配。

2．电动机和螺旋桨的选择

在飞行器总质量确定的情况下，要选择功率强劲的电动机，需保证飞行器的"拉重比"达到 2∶1，即电动机要具备提起两倍于飞行器自重质量的拉力。此装机实例中，制作的是四旋翼飞行器，因而每一个电动机都要能够产生 0.75 kg 的拉力：

$$\frac{1.5 \text{ kg} \times 2}{4 \text{ 个电动机}} = 0.75 \text{ kg}$$

在确定了电动机要产生的拉力后，就可以参考厂商提供的电动机与螺旋桨的组合拉力表，找到合适的电动机和螺旋桨组合方案。在找到一系列合适的电动机组合方案后，还要对比它们在产生实际拉力(0.375 kg 力)时的效率，选择效率高的组合，这样可以使得飞行器飞行时间更久。在此装机实例中，选定了朗宇 V 系列 V2216 KV800 电动机，如图 5-5 所示，它是多轴专用电动机，附带桨夹零件，电动机可以直接用螺丝固定在机架臂上。

图 5-5　朗宇 V2216 KV800 电动机

在此装机实例中，选择 APC1047 螺旋桨，直径 10 寸，螺距 4.7 寸，如图 5-6 所示。由于 APC 原装的螺旋桨价格较贵，不适合初学者进行飞行练习，因此也可以选择价格适中的 ATG 螺旋桨。螺旋桨材料可选择强度较好的尼龙材料。

图 5-6　APC1047 螺旋桨

在使用 APC1047 螺旋桨和 3S 动力电池时，每个电动机能产生 0.79 kg 的拉力。通过查看电动机在产生 400 g 拉力时的力效，可以发现这个组合是非常好的，力效达到了约 9.3 g/W。表 5-2 为朗宇 V2216 KV800 电动机和 APC1047 螺旋桨组合在悬停点附近的性能。

表 5-2　电动机和螺旋桨组合在悬停点附近的性能

电压/V	螺旋桨尺寸	电流/A	拉力/g	功率/W	力效/(g/W)	油门开度
11.1	APC1047	3.9	400	43.3	9.3	悬停
		11	790	122.1	6.5	最大

5.1.4　电池的选择

在知道了飞行器的总质量，以及电动机要产生多大升力等信息后，便能够对所需的电池大小做出更好的估计。在此装机实例中，4 个电动机总共要能产生 3 kg 的拉力，因而要使得飞行器具有充足的动力，整架四旋翼飞行器的质量必须控制在 1.5 kg 左右。除去电动机以及机身等部分的质量后，剩下的就是电池的质量了。

根据表 5-2 中电动机和螺旋桨组合在悬停点附近的性能，所提取的最大电流为 11 A。将此数值乘以 4(4 个电动机)便得到飞行器电动机总电流为 44 A。正如前面章节所讨论过的，将电池的容量(单位为 A·h)与放电倍率(即 C 数)相乘，就得到了电池的最大放电电流。在此装机实例中，选择的是一块容量为 2600 mA·h 的电池，放电倍率为 25C，因而其最大放电电流为 65 A，如图 5-7 所示。飞行器电动机的总电流 44 A 正好在电池的最大放电电流 65 A 的范围内。

图 5-7　ACE 3S 2600 mA·h 电池

5.1.5　电子调速器的选择

在完成了电动机和螺旋桨的选择、确保它们能够拉起飞行器后，根据电动机的拉力数据表找到其最大电流，以确保所选择的电子调速器的电流足够大。从表 5-2 电动机和螺旋桨组合在悬停点附近的性能可以看出，朗宇 V2216 KV800 电动机在 3S 电压下提取的最大电流为 11 A。在选择电子调速器时，要选择持续电流 20 A 以上的电子调速器，最好选择稍大一些的，以避免调速器过热。

在此装机实例中，选择的是好盈铂金系列 Platinum-30A-OPTO-PRO 电子调速器，其持续电流是 30 A，并为多轴飞行器优化过油门响应，如图 5-8 所示。

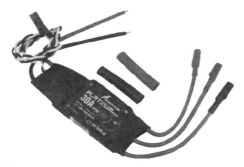

图 5-8　Platinum-30A-OPTO-PRO 电子调速器

5.1.6　GPS 的选择

在此装机实例中，使用 APM 飞行控制器，其内置陀螺仪、气压计等传感器可以满足四旋翼飞行器的飞行，GPS 并不是必须的，但有 GPS 后，可以定点悬停，可以在失去遥控器信号的时候自动返航，也可以设置电子围栏不让飞行器飞行距离过远等。没有 GPS 的四旋翼飞行器就是个遥控模型，加装了 GPS 后的四旋翼才能变成有自主飞行功能的飞行器，因此建议初学者在组装四旋翼飞行器时加装 GPS(也可以后期再添加)。

在此装机实例中，选择是兼容 APM 飞行控制器的 NEO-M8N GPS 模块，集成 HMC5983 最新电子罗盘，如图 5-9 所示。

图 5-9　NEO-M8N GPS 模块

安装 GPS 时都需要支架，一般购买 GPS 模块的时候会配套带支架。通常情况下支架带折叠功能，可减少携带时 GPS 模块的高度。GPS 模块内置并架高的电子罗盘比飞行控制器内置电子罗盘的抗干扰能力和精度都好很多。

5.1.7　遥控器的选择

APM 飞行控制器最少需要 4 通道遥控器，要想更好发挥 APM 飞行控制器的功能，需要多加几个通道用于设置飞行模式、自动调 PID 等，此装机实例虽然是个入门级的方案，但建议读者选择 9 通道的遥控器，才能最大限度发挥 APM 飞行控制器的功能。在此选择的是乐迪 AT9 遥控器，它支持 SBUS 通信协议及回传模块，如图 5-10 所示。

SBUS 通信协议能减少接收机和飞行控制器之间的传输线，回传模块可以在遥控器端看到飞行器的电压、GPS 坐标等数据，是一个较为实用的功能。初学者也可以选择富斯 FS-TH9 遥控器(也是入门级别的经典遥控器)，特别是更新了 EX9X 固件后有更多精细控制的地方。

图 5-10　乐迪 AT9 遥控器

遥控器的操控模式初学者可选择常用的美国手(左手油门)，有经验的读者可根据自己的习惯选择。APM 飞行控制器的输入端通过数据线(杜邦线)与接收机的通道输出端连接，每个通道需要一条数据线，APM 飞行控制器有 8 个输入接口，共需要 8 条数据线。

5.1.8　估算飞行器飞行时间

在知道飞行器主要部件的参数后，应用前一章讨论过的公式，可以用电动机的总功率除以电池的总功，得到飞行时间。

根据表 5-2 中电动机拉力表数据，其悬停时的力效约为 9.3 g/W。将四旋翼飞行器的总质量(1500 g)除以这个力效数值(9.3)，得到飞行器电动机的总功率是 161 W。

$$\frac{1500}{9.3} = 161 \text{ (W)}$$

动力电池的总功是其容量(2.6 A•h)与电压(11.1 V)之乘积，即 28.9 W•h。

$$2.6 \times 11.1 = 28.9 (\text{W•h})$$

用动力电池的总功除以电动机的总功率再乘以 60 min，即可估算出大致的飞行时间：

$$\frac{28.9}{161} \times 60 = 10.8 \text{ min}$$

因此，当动力电池充满时，此装机实例中的飞行器飞行时间大约为 10 分钟，这是在理想情况下的计算结果。实际上的飞行时间要短一些，因为电池会随着时间老化；飞行时温度和风的因素也要加以考虑，这意味着电动机要发出更大功率才行。另外，拉力数据表上的数据都是在标准条件下测得的，由此计算的效率要比实际情况高一些。但无论如何，这个估计值还是比较接近实际的。

5.2　其他部件及材料工具的准备

5.2.1　其他部件的准备

1．飞行控制器供电模块

在此装机实例中，由于选择的 Platinum-30A-OPTO-PRO 电子调速器不带 BEC 功能，因此无法给飞行控制器等提供 5 V 的电压，需要以另外的方式给飞行控制器等供电。如果电子调速器带 BEC 功能，即可省掉这个部件。但对多旋翼飞行器来说，即使电子调速器带 BEC 功能，也只需要其中一个电子调速器的 BEC 供电，其他电子调速器的 BEC 要忽略掉，所以从成本和重量来说，每个电子调速器都带 BEC 功能较为浪费。大多数多旋翼飞行器专用的电子调速器是不带 BEC 功能的。

为了给飞行控制器等提供 5 V 的供电电压，可选择如图 5-11 所示供电模块。

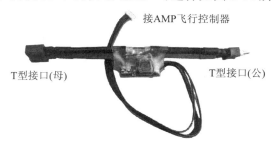

图 5-11　供电模块

图 5-11 所示的供电模块不但可以提供 5 V(最大电流 2.25 A)电压，还可以实时地监控到电池电压和电流变化，减少飞行的时候由于电池电量不足引起的各种问题。在此装机实例中，由于使用的是 APM2.8 飞行控制器，因此购买供电模块的时候要和其型号相对应。另外，供电模块一端和电池相连接，因此其接口要和电池的接口相匹配。例如，在此装机实例中，使用的电池是 T 型接口，同样这个供电模块也要用 T 型接口。

2．电源主线

电源主线主要用于机架的 PCB 分电板电源输入与飞行控制器供电模块连接。在此装机实例中，电源主线可用 12-14AWG 的硅胶线，由于其接口与电池和飞行控制器供电模块要一致，因此需要准备一条 T 型接口的电源主线，如图 5-12 所示。

图 5-12　电源主线

3．充电器

对于多旋翼飞行器来说不可避免地要使用到锂聚合物电池，锂聚合物电池的充电应使用专用的充电器。充电器应该能通过平衡充电口对每一个电芯的电压进行监控，并确保这些电芯电压都能充到相同的电压水平。为了延长电池的寿命，应尽量选择品质好一些的充电器，避免锂聚合物电池过度充电、电芯电压差异大而导致电池性能降低。

　　在此装机实例中，选择较为热门的 IMAX B6 多功能平衡智能充电器，如图 5-13 所示。

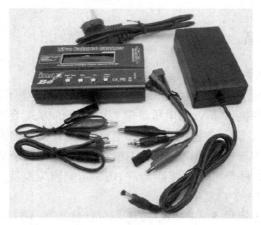

图 5-13　IMAX B6 多功能平衡智能充电器

　　IMAX B6 虽然不是最好的充电器，但也很普遍，是入门初学者首选的锂充电器之一。它支持双输入，是运用内置高性能微处理器和专业操控软件的快速充电/放电器，它支持的充电电池种类包括：Li-ion、Li-Poly、Li-Fe、NiCD、NiMh 和 Pb，几乎涵盖了主流的可充电电池种类。它最多支持 6 串锂聚合物电池的平衡充电方式，充电电流最高可达 6 A(80 W)。同时它还具有放电功能，放电电流最大为 2 A(10 W)。IMAX B6 同时内置锂聚合物电池平衡器，可以对 2-6S 锂聚合物电池进行平衡充电，令充电效果更好。也可以为汽车蓄电池、镍镉、镍氢电池充电，完全足够入门级别的使用。

　　4．香蕉插头

　　通常情况下，电动机通过香蕉插头与电子调速器相连接。在此装机实例中，由于选定了朗宇 V 系列 V2216 KV800 电动机，其电源线不带香蕉插头，为了和电子调速器连接，电动机电源线应焊接上香蕉插头。香蕉插头如图 5-14 所示。

母头(电子调速器使用)　　　　公头(电机使用)

图 5-14　香蕉插头

5.2.2　材料工具的准备

1．辅助材料的准备

在组装多旋翼飞行器的时候，除了准备主要部件外，还需要一些辅助材料，用于对多旋翼飞行器进行固定、保护、绝缘、避震等。在此装机实例中，需要准备的辅助材料如表5-3 所示。

表 5-3　辅 助 材 料

材料名称	实物及使用图例	用途及作用
热缩管		热缩管应用于各种线束、焊点、电感的绝缘保护，金属管、棒的防锈、防蚀等。在此用于电线及香蕉插头的绝缘保护。需要直径约 5 mm、20～30 mm 和 30～40 mm 的热缩管若干
魔术贴扎带		为了更换电池方便，电池应装在机架下中心板的下方。除了用魔术贴粘住电池，确保电池不会松动外，还要用魔术贴扎带将下中心板和电池扎牢
尼龙束线带		用于捆扎导线及固定电子调速器、接收机等。为减轻机体重量，建议使用宽 3 mm、长度 80～100 mm 的扎带
螺丝胶		螺丝胶用于固定电动机与桨夹间的螺丝、电动机和机臂间的螺丝等，可有效杜绝由于飞行器振动引起的螺丝松动。取下螺丝的时候，用电烙铁轻轻加热螺丝就可以拧下
双面胶		海绵双面胶用于器材的避震或者固定；普通双面胶用于粘住电池的魔术带

2．装配工具的准备

在组装多旋翼飞行器的时候，准备一些必需的安装工具可有效提高多旋翼飞行器装机的质量与效率，这也就是常说的"工欲善其事，必先利其器"。在此装机实例中，需要准备的工具如表 5-4 所示。

表 5-4　装 配 工 具

工具名称	实 物 图 例	用 途 及 作 用
电烙铁及焊锡	高温海绵　松香　焊锡丝　60W电烙铁	电烙铁主要用来进行导线及电路的焊接。选择时建议使用 40 W 以上大功率的电烙铁焊接电子调速器、电源主线等部件，因为电子调速器、电源主线等线径较粗，功率太小的电烙铁很难将其焊接好。另外，电烙铁需要有防静电功能，否则焊接电子调速器时有可能损坏电子调速器的集成电路芯片。 焊锡建议选择线径中心带松香的焊锡丝。助焊剂选择松香，不要用有腐蚀性的助焊膏。 在预算充足的情况下，建议购买具有调温功能的焊台，高温度用于焊接电源主线，低温度用于焊接数据线。有的焊台还带风枪功能，使用风枪可加热热缩管，又快又美观
六角螺丝旋具		六角螺丝旋具用于紧固或拆卸内六角螺钉。固定电动机桨夹的螺钉与固定机臂的螺钉规格不同，需要不同的螺钉旋具，可以购买一套多个规格的六角梅花螺丝旋具
桨平衡器		桨平衡器是用来通过确保螺旋桨两侧的质量高度一致，使重心位于电动机和螺旋桨的中心，最大限度地减小振动。 如果桨不平衡，会加大飞行器振动，严重影响飞行性能
电子秤		电子秤用于称零部件和成品机重量，可根据成品机重量选择电动机和螺旋桨以及估算飞行器飞行时间
其他工具		计算机用于调试 APM 飞行控制器；钢丝钳用来夹持零件、切断金属丝，剪切金属薄片等；剪刀是用来切割布、纸、绳等物体的双刃工具；美工刀常用来切割各种材料和清除电路板、装置外壳等加工后出现的毛边；直尺用于一般工件尺寸的测量，可测量被测件的长、宽、高等尺寸；记号笔用来在装配时做简单标记；热熔胶枪是用来加热熔化热熔胶棒的专用工具

5.3　机架及动力系统的安装

准备好全部器材设备及工具材料后，进入安装过程。动手安装多旋翼飞行器之前，首先要做的是将要安装到飞行器上的所有设备一一罗列出来。通过罗列设备，就能知道哪些线缆要截短、哪些要加长、线缆需要通过机体哪一部分等信息。在经过这种精心规划后，在实际安装过程中就会避免走弯路，有助于装配出一架最优的多旋翼飞行器。

5.3.1　电子调速器的焊接

通常，电动机和电子调速器的电线都比较长，需要把它们裁短到几厘米那么长，裁成这个长度后将电子调速器和电动机的电线连接在一起即可。因此，在装配电子调速器前需要对其输入、输出电源线进行处理。

1. 处理电子调速器电源输入线

(1) 在电子调速器红色和黑色两条电源输入线上，用直尺从热缩膜的那头开始量 6 cm 的长度(根据机臂长度及电动机线长度决定)，用剪刀剪断，如图 5-15 所示。

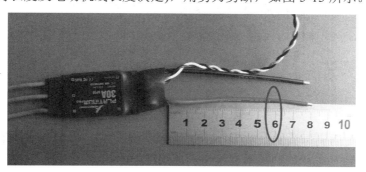

图 5-15　裁剪电源线

(2) 在电源线末端用剥线钳将约 5 mm 左右的绝缘层剥离，露出裸线，用手把露出的裸线拧紧，如图 5-16 所示。

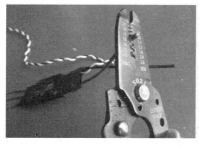　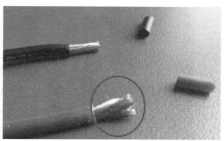

　　　(a) 剥离电源线绝缘层　　　　　　　　　　　(b) 拧紧裸线

图 5-16　处理电源输入线

(3) 在裸线上绕一小段焊锡丝，用电烙铁加热焊锡丝，让整个裸线头被焊锡包住。用焊锡处理过的裸线头能避免受力的时候使电线内铜丝散开，如图 5-17 所示。

 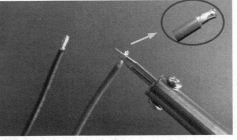

(a) 缠绕焊锡丝　　　　　　　　　　　　(b) 镀锡

图 5-17　处理电源线

2．处理电子调速器电源输出线

(1) 在电子调速器电源输出线上，用直尺从宽热缩膜的末端开始量 3 cm 左右的长度(根据机臂长度及电动机线长度决定)，用剪刀剪断，如图 5-18 所示。

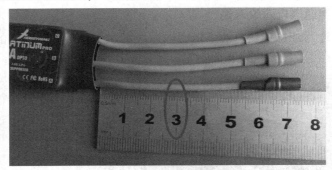

图 5-18　裁剪电源输出线

(2) 观察香蕉插头母头的一端(即焊接电源线的那一端，一般有个小孔)的深度，如图 5-19(a)所示，确定在电源线头部用剥线钳剥离绝缘层的长度，一般 2～3 mm 即可，如图 5-19(b)所示。将剥开绝缘层露出的裸线用手拧紧，用电烙铁加热焊锡丝，让整个裸线头部被焊锡包裹。

 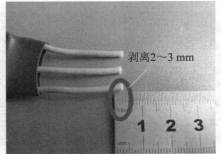

(a) 观察焊接深度　　　　　　　　　　(b) 确定剥离绝缘层长度

图 5-19　处理电源输出线

(3) 在焊接前，要把热缩套管提前套到电线上去，当给这种套管加热时，它们会收缩，紧紧裹在电线外面，使得电线连接更为牢固。而如果忘了提前套进去，就得把电线焊开，把套管套进去，再重复一遍焊接的工作。取直径为 5 mm 的热缩套管，剪 2 cm 长的一段，套在电源线上，如图 5-20 所示。

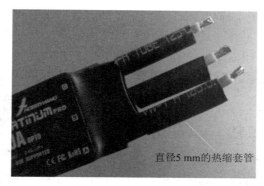

直径5 mm的热缩套管

图 5-20　电源线套上热缩套管

（4）用钢丝钳的钳嘴夹住一个香蕉母头，浅头的向上。这时用电烙铁头插入香蕉插头母头的小孔里面加热，往母头端放焊锡丝直到焊锡融化，融化的焊锡不要将小孔完全充满，到 2/3 处即可，如图 5-21(a)所示。在焊锡全部融化后，立即插入电源线裸线头，撤走电烙铁，直到焊锡冷却，如图 5-21(b)所示。按同样的方法装上剩余两个香蕉头。

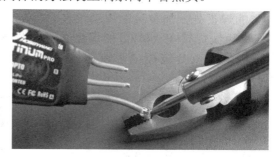

（a）香蕉插头镀锡　　　　　　　　　　　　（b）焊接电源线

图 5-21　焊接电源输出线

（5）把之前预先套上的热缩套管推到与香蕉插头平头，热缩套管要把整个香蕉插头包住，这样才能避免香蕉插头间触碰时产生短路。用电吹风加热热缩套管，直到热缩套管紧紧地套住香蕉插头，如图 5-22 所示。

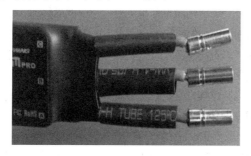

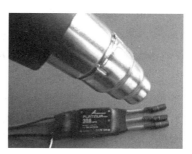

（a）安装热缩套管　　　　　　　　　　　　（b）加热热缩套管

图 5-22　处理热缩套管

3. 电子调速器与分电板的连接

为使电子调速器从电池那里获取能量，需要将它们全部焊接到分电板上。使用分电板 (PDB)，可使得电源的分配布线更加整洁。

(1) 用细砂纸将分电板上标记"+"和"－"的焊盘打磨干净，在焊盘上放适量松香，一手用电烙铁加热焊盘，另外一只手不断地送焊锡丝到焊盘上，直到整个焊盘都盖上一层较厚的焊锡。焊锡区不要超出焊盘的范围，如图 5-23 所示。

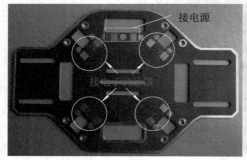

(a) 打磨焊盘　　　　　　　　　　　　　(b) 焊盘镀锡

图 5-23　处理焊盘

(2) 拿出一个电子调速器，平整面向上，电子调速器红黑两线端对着分电板的一组"+"和"-"的焊盘处，加少量的焊锡丝在焊盘上，用电烙铁把红色线焊接在"+"号的焊盘上，把黑色线焊接在"-"号的焊盘上，如图 5-24(a)所示。正负两电极千万不要弄错，否则一接电源就会烧掉电子调速器。用同样的方式焊接上剩余的电子调速器，如图 5-24(b)所示。

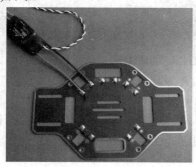
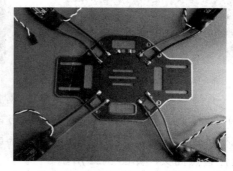

(a) 焊接电子调速器　　　　　　　　　　(b) 电子调速器与分电板

图 5-24　焊接电子调速器

(3) 拿出电源主线，用直尺从接口处量一合适长度，用剪刀剪断。剥开 5 mm 长的电线绝缘层，用上述的方法把裸线头上锡，焊接在分电板的电源输入"+"和"－"上。注意电源主线的 T 型口要向外，如图 5-25(a)所示。在焊接电源主线之前，要确保所用的电线能够承受足够大的电流。最简便的方法是检查电子调速器所用的动力线的规格牌号。在这里所用的电子调速器动力线牌号是 12AWG (这个规格牌号通常印在电线上)，因而要选用相同牌号的电线，避免电线过热。另外，把多旋翼飞行器上带电的电线裸露在外面终归不是件好事，应该用一些电工胶带将焊接点覆盖起来，对接头实施绝缘保护，这将有效防止电子调速器发生意外短路，如图 5-25(b)所示。

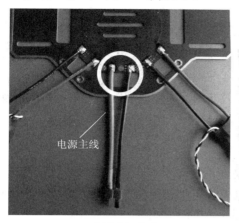
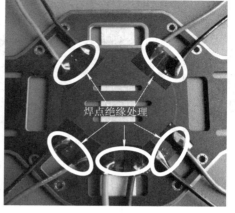

(a) 焊接电源主线　　　　　　　　　　　　　(b) 焊点绝缘处理

图 5-25　焊接电源主线

5.3.2　机架的安装

焊接好电子调速器和电源主线，就可以安装机架了。在此装机实例中，先进行电子调速器和电源主线的焊接，是因为装好机架后焊接空间有限，不好操作，并且容易让塑料的机臂和脚架在焊接时候受热变形。

1．安装电调

(1) 为了防止安装电子调速器后会松动，需要剪一块 3 cm × 1 cm 的海绵双面胶，撕掉海绵双面胶一面的薄膜，粘在电子调速器平整面的中间，如图 5-26 所示。电子调速器的这面装有散热片，不能把整个面都用海绵双面胶覆盖。在此装机实例中，电子调速器的工作电流少于 14 A，预计电子调速器发热不大，并且安装的时候有散热片的平整面向上，螺旋桨的吹风能带走电子调速器的热量，所以就算是覆盖部分散热片也对散热影响不大。

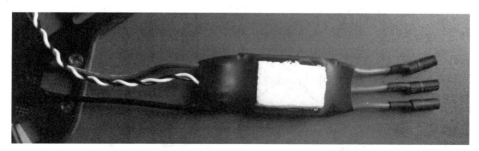

图 5-26　电子调速器粘贴双面胶

(2) 取一机臂，把电子调速器上海绵双面胶的另一面薄膜撕掉，粘在机臂上，如图 5-27(a)所示。为了让四个电子调速器安装的位置一致，粘贴电子调速器的时候，要粘在从机臂上螺丝那头开始数的第一节位置。然后用扎带放在电子调速器中间，紧紧地扎紧在机臂上，如图 5-27(b)所示。需要注意扎带打结的位置要放在机臂上，不能打在电子调速器上，防止压坏电子调速器。

(a) 粘贴电子调速器　　　　　　　　　(b) 固定电子调速器

图 5-27　安装电子调速器

（3）轻轻地反转焊接好电子调速器的分电板，用脚架附带的螺丝，把脚架、分电板、机臂拧紧，如图 5-28 所示。在这一过程中需要安装的零件较多，操作中特别需要耐心、仔细。为了以后携带方便，便于卸下脚架，此处用于固定脚架的螺丝可以不用螺丝胶。

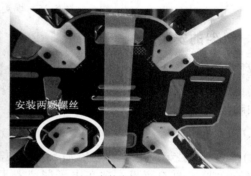

(a) 安装机臂　　　　　　　　　　　　(b) 安装脚架

图 5-28　安装脚架和机臂

（4）用上述同样的方法，把剩余的电子调速器、机臂和脚架进行安装，由于分电板已经焊接好电子调速器，在安装的时候要注意不要破坏电子调速器和分电板连接的导线，如图 5-29(a)所示。为了保证电子调速器和分电板连接的电源线可靠连接，使用尼龙束线带把电子调速器红色和黑色的电源线固定在机臂上，如图 5-29(b)所示。

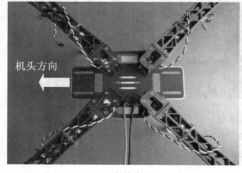

(a) 安装完成　　　　　　　　　　　　(b) 固定电源线

图 5-29　机架安装

2．安装电动机

(1) 处理电动机电源线。

由于电动机电源线长度过长，用直尺从电动机电源线根部开始量合适的长度，用剪刀剪断，如图 5-30(a)所示。参考焊接电子调速器电源线香蕉插头母头的处理方式，逐一焊接好香蕉插头公头，记住要套上热缩管套，如图 5-30(b)所示。

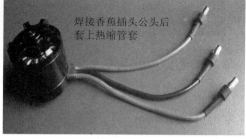

(a) 量取合适长度　　　　　　　　　　　　　　(b) 焊接香蕉插头

图 5-30　处理电动机电源线

(2) 安装桨夹输出轴。

由于多旋翼飞行器上的振动是无法避免的，随着使用时间的增加，振动会造成螺丝的松动，这将导致飞行中发生灾难性的事故。为降低这种事故发生的概率，必须在所有的螺丝上使用螺纹胶。因此在安装过程中，每一个桨夹输出轴安装螺丝时，应滴一点螺纹胶，然后使用六角螺丝批拧紧在电动机上，如图 5-31 所示。

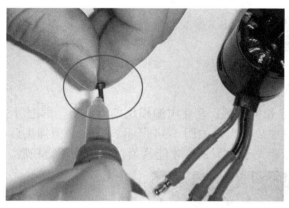

(a) 滴螺纹胶　　　　　　　　　　　　　(b) 固定桨夹输出轴

图 5-31　安装桨夹输出轴

(3) 安装电动机在机臂上。

把电动机放在机臂电动机安装座上，电动机电源线朝向分电板方向，三条电源线分别向下穿过机臂孔，如图 5-32(a)所示。拿出机臂附带的电动机安装螺丝，在螺丝上滴一点螺纹胶，把电动机拧紧在机臂上。拧紧后，要通过电动机座的散热孔观察下，螺丝有没有太长而顶到电动机定子上，如图 5-32(b)所示。

(a) 电动机电源线处理　　　　　　　　　(b) 固定电动机

图 5-32　安装电动机在机臂上

(4) 连接香蕉插头。

取出直径约 5 cm 的热缩管套，用剪刀剪成 12 个长度是 2 cm 左右的小管，每个电动机香蕉公头套一个，再接上电子调速器和电动机的香蕉插头。电子调速器的 3 条电源线和电动机的 3 条电源线可以随便接，到调试飞行控制器阶段，才能确定电动机旋转方向是否正确，因此现在只是插上接头，等调试完毕再加热热缩管套和捆扎好电源线，如图 5-33 所示。

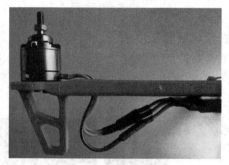

图 5-33　连接香蕉插头

3. 安装飞行控制器电源模块

(1) 取直径是 20 mm 的热缩管，剪 3 cm 长的一截，套在电源模块的母头上，再把母头跟电源主线的公头插到一起，套上热缩膜后加热套牢，如图 5-34 所示。插上 T 型插头后，加热热缩管套包住整个插头，注意热缩管套要大于插头长度才能紧紧包住插头不会松脱。

图 5-34　连接电源主线和供电模块

(2) 取出中央机架，把中央机架拧紧在机臂上。按照图 5-35 所示的方法，把电源模块用扎带扎在中央机架上，注意安装的方向一定要与图中一致，这样才能保证电源模块中给飞行控制器供电的电线不用跨越飞行控制器表面。

(a) 固定中央机架

(b) 确认飞行控制器方向

(c) 固定电源模块

(d) 固定电源主线

图 5-35　安装飞行控制器电源模块

5.4　飞行控制器、接收机、电池的安装

至此，已经完成了多旋翼飞行器上动力系统布线的安装工作，接下来将继续进行的是飞行控制器、接收机、电池的安装工作。

5.4.1　飞行控制器的安装

为了确保飞行控制器有足够的精度，需要将它安装在一个隔振架上，这个架子由两块玻璃纤维板组成，中间使用软橡胶球隔开，以吸收振动。

(1) 取出大的减震板，在 4 个孔上装上软橡胶球，如图 5-36 所示。安装过程中应注意不要戳穿或撕裂这些软橡胶球。

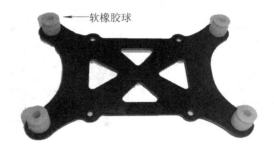

图 5-36　安装软橡胶球

(2) 在中央机架上，找到减震大板安装的中心位置。确定好安装位置后，在四个软橡胶球位置贴一小块海绵双面胶(能减少减震大板上的软橡胶球脱落几率)，如图 5-37(a)所示。再把减震大板粘贴到中央机架上，按图 5-37(b)中的位置用扎带把减震大板扎稳。

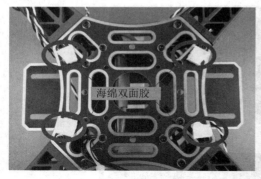

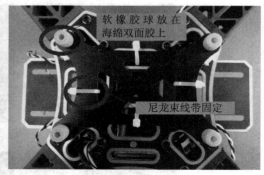

(a) 粘贴海绵双面胶　　　　　　　　　　(b) 固定减震大板

图 5-37　安装减震大板

(3) 把小减震板装到减震球上。在小减震板上贴两块海绵双面胶，把 APM 飞行控制器粘贴在上面，飞行控制器尽量装在减震板的正中央。安装飞行控制器的时候，飞行控制器外壳上写着"FORWARD"的箭头对着机头方向，飞行控制器外壳上的 PM 接口要与电源供电模块电源线在同一个方向。装好后，把电源供电模块的电源线插到飞行控制器的 PM 端口上，再用热熔胶枪把 PM 插头固化住(飞行器飞行中只要 PM 插头稍有松动，飞行控制器就会掉电，出现坠机)。安装过程如图 5-38 所示。

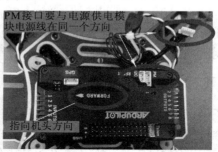

(a) 安装小减震板　　　　　　　　　　(b) 安装飞行控制器

(c) 连接飞行控制器　　　　　　　　　　(d) 固定PM接口

图 5-38　安装飞行控制器

5.4.2   遥控器接收机的安装

接下来要将遥控接收机与飞行控制器的输出端连接。遥控接收机与飞行控制器的连接端口如图 5-39 所示。

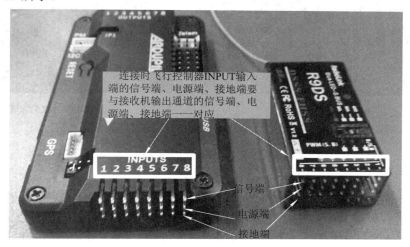

图 5-39   飞行控制器与遥控接收机

在图 5-39 中，飞行控制器的每个 INPUT 通道从上到下分别是信号端、电源端、接地端，遥控接收机的输出通道也是从上到下分别是信号端、电源端、接地端。连接时飞行控制器 INPUT 输入端的信号端、电源端、接地端要与接收机输出通道的信号端、电源端、接地端一一对应。

(1) 用一条杜邦线插在飞行控制器的 INPUT 的 1 接口，另外一头插到接收机的输出通道的 1 接口(杜邦线有防插反头，方向不对是插不进去的)。连接好通道 1 后，再检查下飞行控制器端和接收机端的信号端、电源端、接地端三根线是否一一对应。按同样的方法，连接剩余的七个通道，并把导线整理好，如图 5-40 所示。

(a) 连接一个通道   (b) 通道连接

图 5-40   飞行控制器与遥控接收机连接

(2) 在遥控接收机底部粘贴一块海绵双面胶，按图 5-41(a)中的位置粘在分电板上，再用尼龙束线带将遥控接收机固定。遥控接收机的天线端用尼龙束线带捆扎在脚架上，否则飞行器飞行时容易损坏天线头，如图 5-41(b)所示。

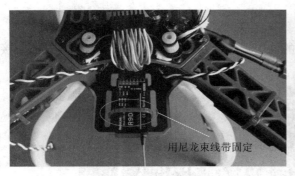
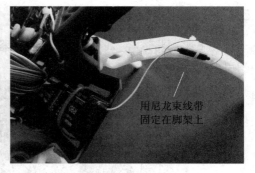

(a) 固定遥控接收机　　　　　　　　　　　　　(b) 固定遥控接收机天线

图 5-41　固定遥控接收机及天线

5.4.3　电池的安装

在此装机实例中，由于不安装云台和 FPV 设备，因此可将电池布置在机架的下方。另外，在安装过程中要确保多旋翼飞行器的重心基本上在整架飞行器的中心位置上。

(1) 电池是放在分电板下方(没有标记正负极的那面)，为了让电池尽量居于整个机架的中心位置，需要先在分电板上标记下中心位置，并用双面胶把长约 11 cm 的勾面魔术贴粘在下分电板上，以方便以后放电池之用，如图 5-42 所示。

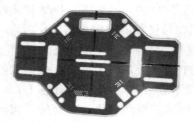

(a) 标记中心位置　　　　　　　　　　　　(b) 固定魔术贴

图 5-42　处理电池放置位置

(2) 为了确保电池固定牢靠，不至于四处滑落，需要在电池的正面上，用双面胶粘上绒面魔术贴。用直尺分别量出长边和短边的中心位置，用记号笔做标记，如图 5-43 所示。

(a) 电池粘贴绒面魔术贴　　　　　　　　　　　　(b) 标记中心位置

图 5-43　处理电池表面

（3）把电池用魔术贴粘到分电板下面，安装的位置要与之前画的中心线对应，但考虑到电池接线口有一定的重量，放的位置可以往电池接线口后退 2 mm 左右，如图 5-44(a) 所示。在分电板长边两头的长方形槽上，扣上条魔术扎带，把电池扎紧，如图 5-44(b) 所示。

(a) 放置电池

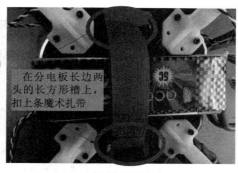
(b) 固定电池

图 5-44 安装电池

5.4.4 电子调速器数据线的连接

下一步工作是将电子调速器与飞行控制器连接起来。为此，需要仔细阅读飞行控制器附带的说明书，所有的飞行控制器都要求电动机和电子调速器连接到其面板的专用接口上。

（1）在此装机实例中有 4 个电子调速器，需要把电子调速器的数据线连接到飞行控制器的 OUTPUT(输出)接口上。把电子调速器与飞行控制器正确的输出接口连接，这一步非常关键，否则飞行器是没法飞起来的。

（2）多旋翼飞行器的 4 个电子调速器并不是和飞行控制器的 OUTPUT 接口随便连接，而是有严格的顺序。在此装机实例中，机架采用 X 字模式，M1、M2 电动机是逆时针转动，而 M3、M4 电动机是顺时针转动，如图 5-45 所示。

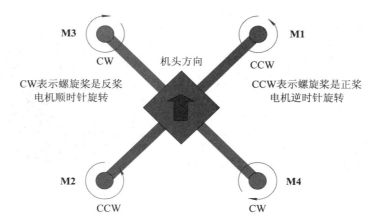

图 5-45 X 字模式

在图 5-45 中 M1 电动机对应的电子调速器接 APM 飞行控制器的 OUTPUT 1 通道的接口，M2 电动机对应的电子调速器接 APM 飞行控制器的 OUTPUT 2 通道的接口，以此类推。

(3) 飞行控制器 OUTPUT 的接线要与电子调速器的接线一致，即飞行控制器的 OUTPUT 信号端接电子调速器的信号端，OUTPUT 的电源端接电子调速器的电源端，OUTPUT 接地端接电子调速器的接地端。在此装机实例中，由于电子调速器不支持 BEC 功能，因此没有电源线。飞行控制器 OUTPUT 端的接线与电子调速器的接线如图 5-46 所示。

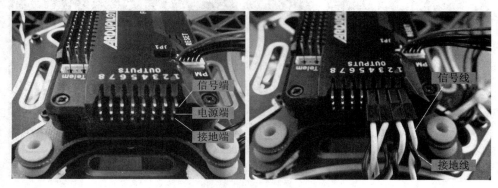

图 5-46　飞行控制器与电子调速器连接

5.5　外置 GPS 的安装

在此装机实例中，选择是兼容 APM 飞行控制器的 NEO-M8N GPS 模块，并通过支架把 GPS 升高，有助于将与其他电子设备形成的干扰降至最低，并确保接收到的信号最强。这个 GPS 模块的支架带折叠功能，携带时候可以放下支架从而减少飞行器的高度。

(1) GPS 支架座一定要安装在 APM 飞行控制器的 GPS 接口的旁边，这样可以有效避免 GPS 的数据线跨过 APM 飞行控制器上方，如图 5-47(a)所示。把 GPS 模块安装在碳纤棒上，GPS 模块上的指示箭头要与飞行控制器机头方向一致，如图 5-47(b)所示。

(a) GPS支架座安装

(b) GPS模块安装

图 5-47　GPS 模块安装

(2) 把 GPS 模块的两个插头分别插到 APM 飞行控制器的 GPS 接口和 GPS 下方的外置罗盘接口上，把 GPS 接口旁边跳线口的跳线帽拔出来，如图 5-48 所示，这个跳线帽插上去表示用内置的罗盘，拔出来后外置的罗盘才会生效。

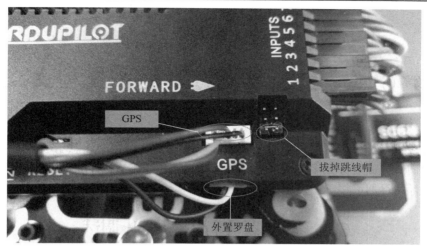

图 5-48　设置罗盘模式

　　(3) 在 I2C 和 GPS 的插头上打点热熔胶，并用扎带把 GPS 模块的线扎在碳素棒上，如图 5-49 所示。

图 5-49　固定线缆

　　到这步为止，除了螺旋桨以外，全部器材设备安装完毕，下一步即可进入调试 APM 飞行控制器阶段。如果这是读者第一次制作多旋翼飞行器，最好到此为止，按照说明书的要求对飞行控制器进行设置，之后就可以飞行了。正如先前讨论过的那样，多旋翼飞行器的装配应该从简入繁，从简单开始。加装诸如云台或 FPV 这样的设备会增加安装、调试的复杂度。当读者对多旋翼飞行器的制作建立了足够的信心之后，再加装这些设备也不迟。

第 6 章　多旋翼飞行器的设置与调试

本章将介绍多旋翼飞行器的设置与调试，以及调试过程中的注意事项。通过无桨叶调试和有桨叶调试向读者介绍多旋翼飞行器飞行前的准备工作，为以后飞行做好调试基础，指导读者进行飞行器的第一次安全起飞。

6.1　多旋翼飞行器无桨叶调试

多旋翼飞行器无桨叶调试是装调飞行器时最重要的一步。无桨叶调试的目的是为了避免在飞行时出现不可挽回的后果，为以后飞行做好调试基础。而在飞行前做好充分的准备，可以保证首次飞行和以后飞行的安全。

在前面的装机实例中，选择的飞行控制器是 APM 飞行控制器，下面将以 APM 飞行控制器为例，说明在无桨叶调试中飞行控制器的相关设置与调试。

6.1.1　飞行控制器的相关设置

APM 飞行控制器的调试、设置、监控等所有操作，都是通过地面站软件 Mission Planner(简称 MP)来完成的，因此，在对飞行控制器设置之前需在计算机上安装 Mission Planner 程序。

1. 地面站软件 Mission Planner 的安装

(1) Mission Planner 的运行环境需要微软 Net Framework 4.0 框架，Windows 8 以下的版本基本不会自带这个框架，需要先行安装。

(2) 在 Mission Planner 官方网站下载安装文件，按照安装提示操作，基本都是默认安装，单击"Next"按钮就可以，如图 6-1(a)所示，Mission Planner 地面站软件运行界面如图 6-1(b)所示。

(a) Mission Planner 安装　　(b) Mission Planner 运行界面

图 6-1　地面站软件 Mission Planner 安装

2. APM 飞行控制器选择机架类型

多旋翼飞行器的机架有多种类型，例如常见的十字模式和 X 模式等，在调试 APM 飞行控制器时候，第一步就需要先确定好机架类型。

(1) 接好 APM 飞行控制器的 USB 线，打开 Mission Planner，选择通信端口，点击"连接"图标，如图 6-2 所示。

图 6-2 连接 APM 飞行控制器

(2) 在 Mission Planner 软件中点击主菜单"初始设置"，再点击"必要硬件"的第一个"机架类型"，在多个机型中选择一个机架模式。在此装机实例中使用的是 X 模式，将 X 模式的单选框点下，选中 X 模式，如图 6-3 所示。

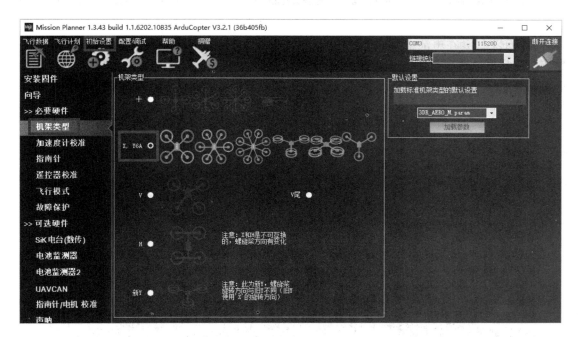

图 6-3 飞行控制器设置机架类型

3. APM 飞行控制器电源模块的设置

在此装机实例中，由于使用电源模块给 APM 飞行控制器供电，因此需要在 Mission Planner 中设置相关参数。

(1) 接好 APM 飞行控制器的 USB 线，打开 Mission Planner，点击"连接"图标，连接 APM 飞行控制器。

(2) 点击主菜单"初始设置"，再点击"可选硬件"的"电池监测器"菜单，按照图 6-4 所示进行设置。在电池容量处输入电池容量值。

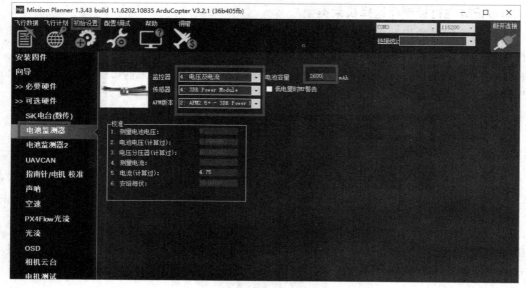

图 6-4　电池参数设置

　　(3) 如果需要在电池电量低的时候得到 Mission Planner 的提醒，勾选"低电压时 MP 警告"选择框，然后会弹出一个对话框，可以根据需要修改低压的提醒语句。其中，{batv} 参数是电池当前电压值，{batp}参数是电池当前电压百分比，除了这两个参数外，其他字样都可以修改，如图 6-5 所示。

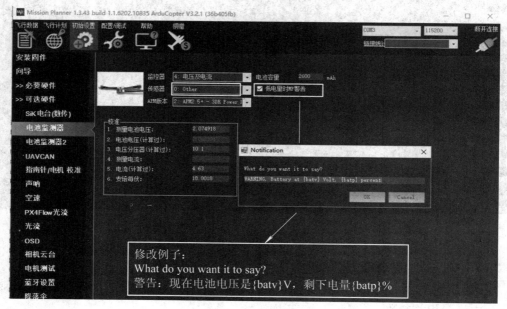

图 6-5　告警设置

　　在接下来两个对话框分别输入告警电压和电压百分比。告警电压建议输入电池的总标称电压，例如 3S 电池是 11.1 V；电压百分比是指输入触发告警的剩余电池电压百分比，例如可输入 20，即当电池电压剩余为满电压的 20%时触发告警。

6.1.2　飞行控制器加速度计校正

初次使用 APM 飞行控制器,或者 APM 飞行控制器升级固件后以及初始化全部参数后,都需要校正加速度计。如果加速度计不校正,则无法对 APM 飞行控制器解锁。在校正加速度计的时候,需要按照提示把 APM 飞行控制器放置在不同的方位。方位是以 APM 飞行控制器上 FORWARD 的箭头(机头方向)为参照,按照图 6-6 所示标出 6 个方位。

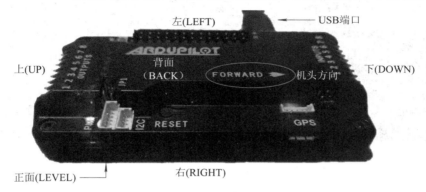

图 6-6　APM 飞行控制器方位标示

在提示方位的时候,把对应的那面平放在桌面或者地上。在进行加速度计校正操作的时候,方位不要搞错。为避免方位出错,可依照飞行控制器面板上 FORWARD 箭头做参照物,也可以根据 USB 端口的方向再检查一次是否正确。

(1) 接好 APM 飞行控制器的 USB 线,打开 Mission Planner,点击“连接”图标。

(2) 把 APM 飞行控制器水平放在桌面上后,点击主菜单“初始设置”,再点击“必要硬件”的“加速度计校准”菜单,选中并点击“校准加速度计”按钮,下一步界面提示“Place vehicle level and press any key”,点击“完成时点击”按钮,如图 6-7 所示。

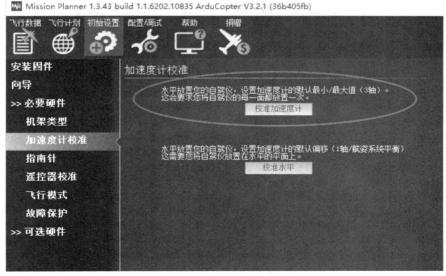

(a) 选择校正加速度计

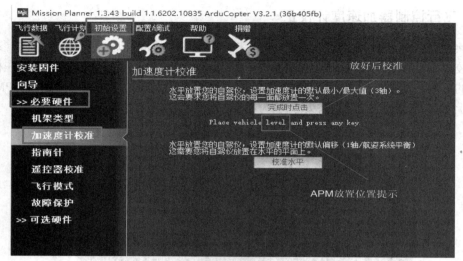

(b) level 方位校正

图 6-7　level 方位校正

(3) 下一步界面提示 "Place vehicle on its **LEFT** side and press any key"，把 APM 飞行控制器的左边平放在桌面上，放稳后再点击 "完成时点击" 按钮。由于 APM 飞行控制器左边插着 USB 线无法整面放平(如果用数传模块就不需要 USB 线)，可以拿个物件将其垫高，如图 6-8 所示。点击按钮前一定要拿稳 APM，否则会影响精度。

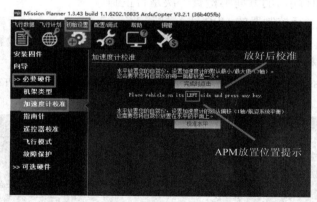

(a) LEFT 方位校正

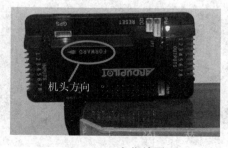

(b) LEFT 方位放置

图 6-8　LEFT 方位校正

（4）下一步界面提示"Place vehicle on its **RIGHT** side and press any key"，把 APM 飞行控制器的右边平放在桌面上，用手压稳后再点击"完成时点击"按钮，如图 6-9 所示。

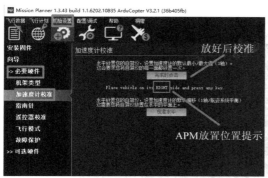

　　　　　（a）RIGHT 方位校正　　　　　　　　　　　　　（b）RIGHT 方位放置

图 6-9　RIGHT 方位校正

（5）下一步界面提示"Place vehicle nose **Down** and press any key"，把 APM 飞行控制器向下平放在桌面上，用手压稳后再点击"完成时点击"按钮，如图 6-10 所示。

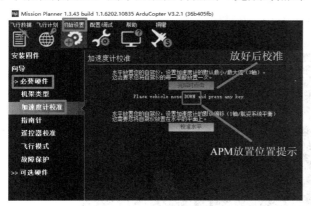

　　　　　（a）Down 方位校正　　　　　　　　　　　　　（b）Down 方位放置

图 6-10　Down 方位校正

（6）下一步界面提示"Place vehicle nose **UP** and press any key"，把 APM 飞行控制器的向上平放在桌面上，放稳后再点击"完成时点击"按钮，如图 6-11 所示。

　　　　　（a）UP 方位校正　　　　　　　　　　　　　　（b）UP 方位放置

图 6-11　UP 方位校正

(7) 下一步界面提示"Place vehicle on its **BACK** and press any key",把 APM 飞行控制器的背面平放在桌面上(飞行控制器外壳光面向上),用手压稳后再点击"完成时点击"按钮,如图 6-12 所示,完成加速度计的校正。

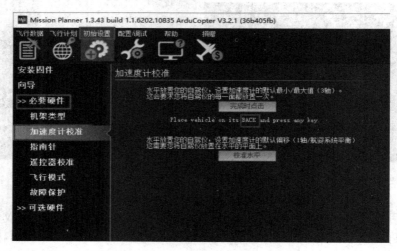

(a) BACK 方位校正

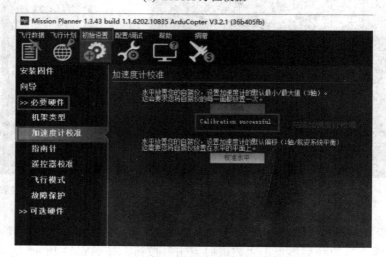

(b) BACK 方位放置

图 6-12　BACK 方位校正

　　APM 飞行控制器加速度计的校正也可在装到机架上以后进行。这是因为 APM 飞行控制器装在机架上时的水平状态才是真正的水平,此时校正的水平才是最准确(APM 的水平状态在飞行时候对飞行器影响最大)。APM 官方的教程也是 APM 装在机架上的时候校正加速度计。

　　在机架上校正的缺点是除了水平方位外,其他方位的校正都不准,而单独对 APM 进行校正刚好相反。建议初学者第一次校正加速度计的时候单独对 APM 飞行控制器进行校正,如果装到机架后,由于各种安装原因造成 APM 飞行控制器无法水平放置,则在机架上再做一次加速度计的校正。在机架上校正,一定要把飞行器放在很平的地面上进行,保证校正时水平状态的精确度。

6.1.3　飞行控制器内置罗盘校正

罗盘是 APM 飞行控制器非常重要的一个传感器。罗盘传感器可以测量飞行器周围的磁场，从而使得飞行控制器知道飞行器飞行的方向。APM 飞行控制器在正常使用前，校正罗盘是必须做的，没经过校正罗盘的 APM 飞行控制器是无法解锁的。

(1) 接好 APM 飞行控制器的 USB 线，打开 Mission Planner 软件，点击"连接"图标。

(2) 点击主菜单"初始设置"，再点击"必要硬件"的"指南针"菜单，如图 6-13 所示。

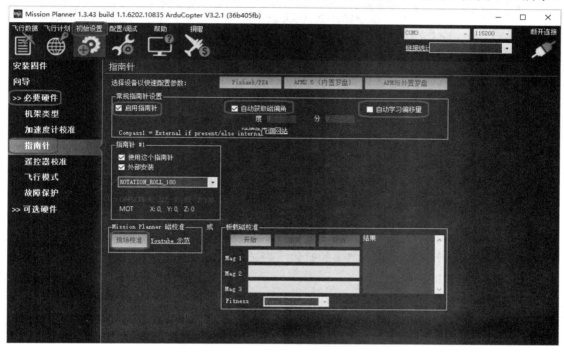

图 6-13　选择罗盘校正

在图 6-13 中，勾选"启用指南针"时罗盘才生效。由于每个地方的磁偏角都不同，因此需勾选上"自动获取磁偏角"及"自动学习偏移量"选项。根据使用者飞行控制器的版本，在右边界面的三个按钮中选择适合的一个，这三个按钮的作用是按照飞行控制器版本自动设置相关参数。再点击"现场校准"进入校正过程。

(3) 点击"现场校准"后，弹出如图 6-14 所示窗口，提示下一步将飞行器绕所有轴旋转。

图 6-14　现场校正

(4) 点击"OK"按钮后，会弹出新界面。这时候需要不停转动飞行器，目标是经过图6-15 所示中的 6 个白点，让所有的白点消失。白点全部消失后，如果在上一步已勾选"自动学习偏移量"选项，程序会自动停止校正并保存数据，否则需要点击"Done"按钮来结束。旋转飞行器的时候，需要把飞行器的所有面都旋转 360°，由于此时飞行控制器连接USB 线，旋转时应注意不要把 USB 线扯掉。

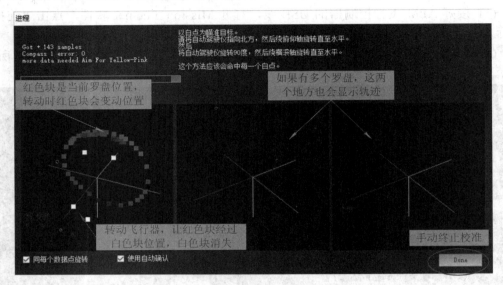

图 6-15 校正过程

(5) 当旋转到所有白色块都消失的时候，表示校正结束并自动终止校正。在主界面显示采集到的 3 个轴的数值。

(6) 校正结束后可用手机的指南针软件检查校正情况。打开手机的指南针软件，把手机放在 APM 飞行控制器上，指南针箭头方向与 APM 飞行控制器的 FORWARD 箭头一致，如图 6-16 所示。如果手机指南针的方位角与 HUD 上的差不多，表示校正后的罗盘方向正确。这个方向很重要，如果搞反了飞行器上天会立即偏移。使用 APM 飞行控制器内置罗盘一般不会搞错，如果是外置的罗盘的话一定要用这个方法检查一次。

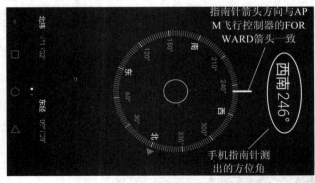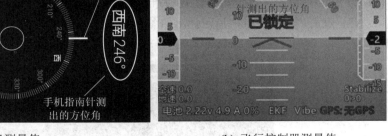

(a) 手机测量值　　　　　　　　　　　(b) 飞行控制器测量值

图 6-16 检查校正

APM 飞行控制器内置的罗盘很容易受到飞行控制器内电子元件、电池、接收机等其他设备的干扰，精度会变差，使用外置罗盘可提高精度。另外，在飞行器重新布线、升级固件、添加或者更换设备时，建议重新做一次罗盘校正。

6.1.4　飞行控制器遥控器校正

初始使用 APM 飞行控制器或者初始化全部参数后，都需要校正遥控器，不校正的话是无法对 APM 飞行控制器解锁的。

(1) 接好 APM 飞行控制器的 USB 线，打开 Mission Planner 软件，点击"连接"。校正遥控器时，飞行器不需要接电池，为了安全起见，电动机不要装上螺旋桨。飞行控制器只要接上接收机和 USB 线就可以进行校正。

(2) 打开遥控器的电源。

(3) 在 Mission Planner 软件中点击主菜单上的"初始设置"，再点击"必要硬件"中的"遥控器校准"菜单，如图 6-17 所示。这时候摇动遥控器的控制杆，会看到校正条的绿色块长短发生变化，这样表示遥控器与接收机及 APM 飞行控制器已经连接成功，否则需要检查接收机是否正确连接上了 APM 飞行控制器，或者遥控器与接收机的频率或者对码是否一致。

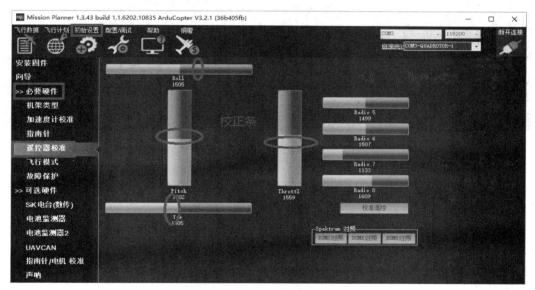

图 6-17　遥控器校正界面

(4) 在图 6-17 中点击"校准遥控"按钮，进入遥控器校正。遥控器的校正原理是摇动控制杆，让各个通道达到最大值和最小值。这里的遥控器是以美国手为例，其他操作手势的操作原理相同。

① 通道 1 横滚/副翼(Roll)：左右摇动横滚控制杆，让其达到最左或最右，Roll 校正条的绿色块会同步左移或者右移，而校正条上左右两条红色线表示横滚控制杆的最小值和最大值。

② 通道 2 俯仰/升降(Pitch)：上下摇动俯仰控制杆，让其达到最上或最下，Pitch 校正

条的绿色块会同步下降或者上升。注意：这个通道的方向与校正条方向相反，控制杆向上摇校正条绿色会下降，控制杆向下摇校正条绿色会上升。

③ 通道 3 油门(Throttl)：上下摇动油门控制杆，让其达到最上或最下，Throttl 校正条的绿色块会同步上升或者下降。

④ 通道 4 航向(Yaw)：左右摇动航向控制杆，让其达到最左或最右，Yaw 校正条的绿色块会同步左移或者右移。

(5) 4 个通道的都校正后，如图 6-18 所示，点击"完成时点击"按钮保存结果，遥控器校正完毕。

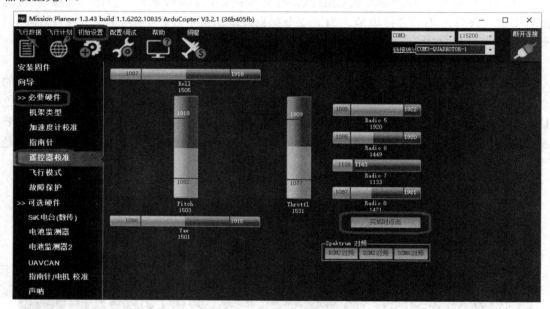

图 6-18　遥控器校正结果

(6) 遥控器校正过程中需注意的问题。

① 如果摇动遥控器控制杆时校正条没反应，需要重新检查接收机是否已经连接到飞行控制器、接线是否有错以及遥控器与接收机是否对好码等。

② 如果控制杆的通道与校正条不一致(如摇动油门杆时候 Pitch 的校正条变化)，请设置遥控器的左右手模式。

③ 校正时一定要注意遥控器控制杆摇动的方向与校正条的方向是否一致，如果不一致，则需要调整遥控器舵机的相位，否则就算是校正好遥控器，也可能不能解锁，或者飞行器起飞就立即倾覆。例如用乐迪 AT9 遥控器校正的时候发现，油门的方向与校正条相反，油门杆向上时候校正条反而向下。这时进入 AT9 的菜单，找到"舵机相位"，选择油门，设置为反相就可以了。

④ APM 飞行控制器的第五通道用于切换飞行模式，也需要校正第五通道，但每个遥控器设置第五通道为飞行模式时方法都有差别，应结合遥控器具体型号来设置。

6.1.5　飞行控制器解锁和上锁

出于安全原因，飞行前及飞行后需对 APM 飞行控制器进行解锁和上锁操作。

1．飞行控制器解锁

1) 解锁前安全检查

(1) 验证遥控器校正已执行。

(2) 验证加速度计校正已执行。

(3) 验证罗盘是健康的并且能正常通讯。

(4) 验证罗盘校正已经执行。

(5) 验证适当的罗盘磁场强度：APM 约为 330，PX4/Pixhawk 约为 530。

(6) 验证气压计是健康的并且能正常通讯。

(7) 如果是启用了电子围栏或是在悬停模式下解锁，安全检查会确认：GPS 是否已定位；GPS 的 HDOP(水平精度因子) < 2.0 (可使用 GPS_HDOP_GOOD 参数配置)；地速小于 50 cm/s。

(8) APM 会验证飞行控制器电压是否在 4.5~5.5 V 之间。

(9) 验证通道 7 和通道 8 是否设置控制同一个功能。

(10) 如果遥控故障保护已激活，检查油门通道最小值不低于 FS_THR_VALUE。

(11) 检查 ANGLE_MAX 参数(即大多数模式下飞行器可以倾斜的最大角度) > 10° (度)并 < 80° (度)。

(12) 检查遥控的 Roll、Pitch、Throttl 和 Yaw 的最小值小于 1300 且最大值大于 1700。

2) 解锁的步骤

(1) 打开遥控器电源。

(2) 飞行器接上电池。此时陀螺仪正在校准，不要移动飞行器，红色和蓝色指示灯应该会闪烁几秒钟。

(3) 如果装了 GPS，等大约 30 秒后 GPS 搜索到足够的卫星后蓝灯常亮。

(4) 如果使用的是 PX4 飞行控制器，按下安全按钮不松，直到指示灯常亮。

(5) 解锁方式：遥控器以美国手为例，油门向下，方向杆向右，保持 5 秒钟，等气压计初始化后就解锁了。方向杆向右时间不要太长(> 15 秒)，否则会打开自动微调功能。解锁成功后，飞行控制器上红色灯常亮，如果连接上 Mission Planner 软件，则在软件的 HUD界面显示 ARMED，如图 6-19 所示。

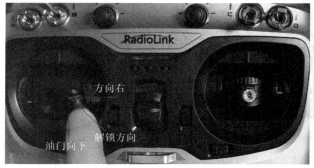
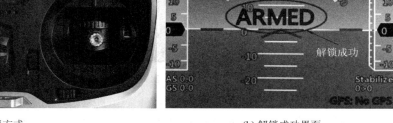

(a) 解锁方式　　　　　　　　　　　　　　　(b) 解锁成功界面

图 6-19　解锁方式

(6) 如果飞行控制器上红色灯闪烁两下，则表示解锁失败。

2．飞行控制器上锁

解锁后，如果持续 30 秒油门杆拨到最下将自动上锁。在还没自动上锁的时间内，如果不是打算立即飞行，请务必立即上锁，因为此时飞行器的电动机随时会转，如果不小心碰到油门杆转动电动机，飞速旋转的螺旋桨极有可能伤到人。解锁方式很简单，油门杆向下，方向杆向左保持 2 秒，上锁后飞行控制器红色灯会一直闪烁(遥控器以美国手为例)，如图 6-20 所示。需要注意：解锁后立即飞行，不飞行就要上锁。

图 6-20　解锁方式图

3．解锁不成功原因

初学者第一次进行解锁操作，最好连接上 Mission Planner 软件，根据 HUD 的提示，如图 6-21 所示，分析不能成功解锁的原因。

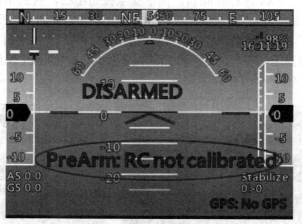

图 6-21　HUD 出错提示

常见 HUD 出错的提示有以下几种。

(1) HUD 显示"RC not calibrated"：没有成功进行遥控器校正，需要校正遥控器。

(2) HUD 显示"Compass not calibrated"：没有成功进行罗盘校正，需要校正罗盘。

(3) HUD 显示"Compass not healthy"：罗盘硬件出现故障，可能是飞行控制器损坏或者外置罗盘损坏。

(4) HUD 显示"Compass offsets too high"：罗盘 3 个轴校正后的数据太高。建议尽量使用外置的罗盘避开 APM 飞行控制器内部的各种干扰。

(5) HUD 显示"Check mag field"：飞行器周围的磁场强度存在干扰，需要再做一次罗盘校正，或者换个飞行地点。

(6) HUD 显示"Compasses inconsistent"：内置和外置罗盘安装时候指向的方向不相同(大于 45°)，需要修改 compass_orient 参数。

(7) HUD 显示"GPS Glitch"：GPS 出现故障，可能是 GPS 损坏。

(8) HUD 显示"Need 3D Fix"：GPS 没有定位，如果设置电子围栏或是在悬停模式解锁，一定要进行成功定位后才能解锁。

(9) HUD 显示"Bad Velocity"：地速大于 50 cm/s。

(10) HUD 显示"High GPS HDOP"：GPS 的 HDOP(水平精度因子)< 2.0 (可使用 GPS_HDOP_GOOD 参数配置)。如果设置电子围栏或是在悬停模式解锁，HDOP 的精度没达标不能解锁。

(11) HUD 显示"Baro not healthy"：气压计出现故障，可能是气压计损坏。

(12) HUD 显示"Alt disparity"：气压计读数有差异。

(13) HUD 显示"INS not calibrated"：加速计没有校正，需要校正加速计。

(14) HUD 显示"Accels not healthy"：加速计出现故障，可能是加速计损坏。

(15) HUD 显示"Accels inconsistent"：加速计出现读数不一致。

(16) HUD 显示"Gyros not healthy"：陀螺仪出现故障。

(17) HUD 显示"Gyro cal failed:"：陀螺仪校正出错。

(18) HUD 显示"Gyros inconsistent"：两个陀螺仪读数不一致。

(19) HUD 显示"Check Board Voltage"：给飞行控制器供电的电压不在 4.5～5.5 V 之间。可能是飞行控制器给太多电子设备供电，造成飞行控制器电压太低。

除了以上原因外，还有以下几点可引起解锁不成功：

(1) 飞行器放置的位置不水平。

(2) 只有在稳定模式(Stabilize)、特技模式(ACRO)、定高模式(AltHold)、悬停模式(Loiter)才能解锁。

6.1.6　电子调速器油门航程校正

电子调速器油门航程的校正，是多旋翼飞行器无桨叶调试必不可少的一步。校正电子调速器油门航程后才能让飞行控制器知道遥控器的油门通道发出的最小值与最大值，以获得最佳的油门线性。如果没有对电子调速器油门航程进行校正，操控飞行器时会出现以下现象：

(1) 在第一次使用 APM 飞行控制器的时候，飞行器通电后电子调速器不停发出哔哔哔的声响，推高遥控器油门杆但电动机没反应。

(2) 推高遥控器油门杆时，明显看到几个电动机转速不一致；或者有些电动机开始转了，有些电动机还没反应；或者油门杆已经最低了，有些电动机已经停了，有些电动机还在转。如果这时候起飞，飞行器肯定会颠覆。

因此，在第一次使用 APM 飞行控制器时，或者初始化 APM 飞行控制器参数后以及更换电子调速器或遥控器后，需要重新进行电子调速器油门航程的校正。

电子调速器油门航程的校正步骤如下(在本实例中以好盈 Platinum-30A-OPTO-PRO 电子调速器为例)。

(1) 为安全起见，飞行器不要连接 USB 线，不要接电池，不要安装螺旋桨(这个很重要，否则校正时轻则翻机打坏螺旋桨，重则伤人)。

(2) 打开遥控器开关，把油门杆推到最高。

(3) 飞行器接上电池后，APM 飞行控制器上的红灯、蓝灯、黄灯会循环亮起，电子调速器通电时发出音乐声，然后电动机逐个轻微动一下并发出"哔"声。这说明 APM 飞行控制器已准备好进入电子调速器校正模式，此时油门杆保持最高位置不要改变。

(4) 在做完步骤(3)时，立即给飞行器断电(在给飞行器断电的过程中不要改变油门杆的位置)，否则可能会影响下一步骤。

(5) 再给飞行器接上电源线(红灯和蓝灯交替闪烁)，电子调速器发出音乐声，在听到"哔"一声响后，果断地把遥控器油门杆拉到最低，等 1 秒后会有一声"哔"响，之后就再也无声音发出。这时候可以轻轻地推高油门杆，电动机会转起来。

(6) 最后给飞行器断电，让 APM 飞行控制器记住校正好的油门航程，此时油门航程的校正就成功了。如果校正失败了，则按正常方式开机：把遥控器油门杆拉到最低，给飞行器接上电源，开机完再给飞行器断电，从步骤 1 开始重新校正。

(7) 校正油门航程成功后，给飞行器接上电源，对 APM 飞行控制器进行解锁，推动遥控器油门杆，电动机会转动起来，观察几个电动机转速是否一致。

6.1.7　调试电动机转向

在最基本的 APM 飞行控制器调试完毕后，需要检查的就是电动机转动方向。多旋翼飞行器在螺旋桨转动时不仅仅会产生升力，而且会产生扭矩使得机身旋转。为了抵消产生的扭矩，需要对螺旋桨的转动方向做严格的规定，本装机实例中的电动机转动方向如图 6-22 所示。

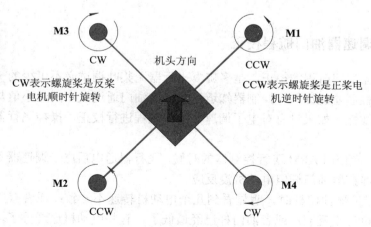

图 6-22　电动机转动方向

图 6-22 显示了电动机的转动方向，电动机 M1 和电动机 M2 是逆时针旋转，电动机 M3 和电动机 M4 是顺时针旋转。

判断电动机的旋转方向有两种方法：一是，反复推动油门，使电动机反复地停止转动和开始转动，判断开始转动时电动机的转动方向，确定电动机转动方向(对于有经验的操作者可以这样操作)；二是，准备一个纸条(宽 1～2 cm、长 5～8 cm)，拿住这张纸条的一端(手指要远离另一端)，使纸条另一端(不是手握的一端)接触转动的电动机，查看纸条弯向哪一端来判断电动机转动方向。建议没有经验的初学者使用第二种方法，判断步骤如下。

(1) 由于安全问题，电动机不安装螺旋桨，拿一个纸条的一端接触转动的电动机，观察电动机旋转方向，如图 6-23 所示。

图 6-23　测试电动机转动方向

(2) 打开遥控器电源，飞行器接上电源线，然后对飞行器解锁。轻轻地推动遥控器的油门杆，让电动机旋转起来，观察电动机的旋转方向与图 6-22 是否一致，记下旋转方向有错的电动机序号。

(3) 如果电动机旋转方向不正确，可以切断电源，然后交换电动机的任意两根线即可，如图 6-24 所示。

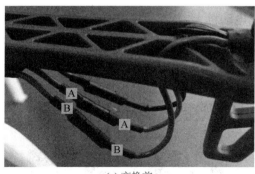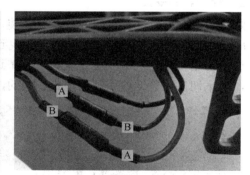

(a) 交换前　　　　　　　　　　　　　　　　　(b) 交换后

图 6-24　交换电动机线

(4) 全部处理好旋转方向出错的电动机后，接上飞行器电源线，重新检查一次 4 个电动机的旋转方向是否正确。

(5) 加热电动机与电子调速器连接处香蕉头的热缩管套，用扎带把这三条线扎牢在机臂上，如图 6-25 所示。

图 6-25　固定电源线

到这里，已经做完了所有无桨叶调试的内容，接下来可以进行有桨叶调试。

6.2　多旋翼飞行器有桨叶调试

无桨叶调试是在保证安全的条件下完成了大多数的安全检查，并排除了一些可能出现的安全隐患。然而，飞行器总是要起飞的，在起飞后情况也是十分复杂的，不知道会有什么样的情况发生，因此，有桨叶调试也是必须要做的检验。

有桨叶调试是指对安装完成的飞行器 (4 个螺旋桨也安装在电动机上) 进行的一系列的安全检查和调试。在进行有桨叶调试调试前，首先是螺旋桨的安装。

6.2.1　螺旋桨的安装

1．判断螺旋桨的正桨和反桨

多旋翼飞行器除了规定每个轴的电动机旋转方向外，还规定了每个轴安装的螺旋桨是正桨还是反桨。图 6-22 中的 CCW 表示是螺旋桨正桨，以逆时针旋转；CW 表示是螺旋桨反桨，以顺时针旋转。安装螺旋桨前，首先要区分好正桨和反桨(区分方法见第 4 章内容)。

2．螺旋桨的安装

螺旋桨区分好正桨和反桨后，就要安装在电动机上。

(1) 拿出桨垫逐个套在电动机轴上，找到和电动机轴相匹配的那个桨垫，用小刀沿着桨垫边缘切出来，切的时候不要太靠近桨垫边，防止损伤桨垫。切好后用细砂纸慢慢打磨切口，磨平切口位置但要保证桨垫是正圆的，如图 6-26 所示。

(a) 匹配桨垫

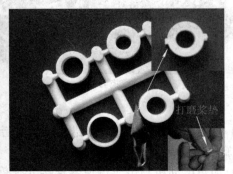

(b) 打磨桨垫

图 6-26　处理桨垫

(2) 把桨垫装到螺旋桨背面大孔中，装好后确保桨垫与大孔是在同一个平面，如图 6-27 所示。

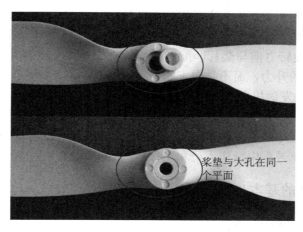

图 6-27　安装桨垫

(3) 把装好桨垫的螺旋桨有字的面向上，按照电动机安装的螺旋桨的类型，套到电动机轴上，放上桨夹垫片，用螺母拧紧，再拧上子弹头，用螺丝批插入子弹头上的小孔拧紧，如图 6-28 所示。螺母和子弹头都要拧紧，防止螺旋桨高速旋转时飞出来伤人。

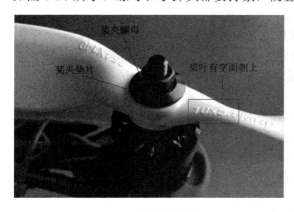
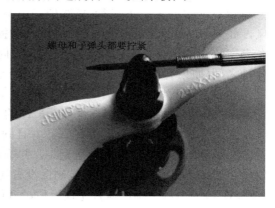

(a) 安装桨夹垫片　　　　　　　　　　　　　　　　(b) 安装子弹头

图 6-28　安装螺旋桨

(4) 把 4 个螺旋桨全部装到电动机上，每装一个螺旋桨都要确认好是否正确选择了正桨或者反桨。

6.2.2　有桨叶调试前的检查

在安装完桨叶后就正式开始调试工作。有桨叶调试前必须时刻注意安全，首先要保证人身安全，其次也要保证飞行器在调试的时候不会受到损伤。

在进行有桨叶调试前需要对飞行器做以下检查。

(1) 检查螺旋桨是否已经固定牢固。由于电动机在转动时速度很快，桨叶固定不牢固的话，很容易使得桨叶脱离电动机，伤到周边的人。

(2) 确认桨叶完好无损(出现裂纹的桨片尽量不要使用)。由于电动机转速较高，任何裂纹都有可能造成桨叶的断裂，伤到人是在所难免的。

(3) 确认油门行程已经校准。

(4) 确认电动机旋转方向与桨片匹配。此项检查的是，在螺旋桨转起来的时候为飞行控制器提供的是向上的升力，而不是向下的压力。

(5) 确认飞行器及发射机电量充足。只要保证电池可以用到调试完成即可。

除了以上的检查项目，还需要注意检查其他情况。如电路接口是否接触不良、电池是否有损坏等。只有注意了所有的细节才可以保证每次飞行的安全。因此，调试之前检查这些项目，可以保证调试过程中操作人员和飞行器的安全。

6.2.3　有桨叶调试的基本步骤

有桨叶调试的基本步骤如下：

(1) 选择场地。飞行器的飞行需要一个较为安全的环境，一是为了保证飞行器的安全，二是为了保证人员安全。所以在有桨叶调试时需要选择一个开阔的场地(尤其对于初学者，更要选择开阔的场地)，并且人流量必须很少。选择好了开阔的地方，并非就能高枕无忧了，飞行时合适的天气条件也很重要。首先，因为飞行器没有任何防水措施，所以必须在不下雨和不下雪的天气下飞行(当然最好也不要选择有水潭的地方)。其次，不能有较大的风，如果风力过大就会增加飞行难度，对操作者来说无疑是一项巨大的挑战。如果选择在离家较远的地方，那就需要考虑电池的问题。因为一块电池飞行的时间可能在 10～20分钟之间(如果有高容量电池可能较为久一点，但时间也不会太长)，所以想要多飞几分钟就需要多带几块电池。

(2) 调试前的检查。检查是一项严谨的工作中必需的操作。检查的内容包括：机架螺丝是否固定牢固；电动机是否完好，并且固定牢固；电子调速器是否完好；飞行控制器是否已经固定牢固；电池是否电量充足，并确认是否鼓包或其他异常(如有异常，尽量不要使用)；线路是否固定牢固，并且确保没有线路短接。

(3) 接通电源。确保检查无误以后，就可以接通电源。

(4) 解锁飞控。接电源，经过几秒钟的等待，发射机就会连接上接收机，并且飞行控制器也启动了控制系统。如果接收机没有连接上发射机请重新设置它们的连接。此外，注意美国手和日本手解锁的区分及解锁后保持油门位置最低。

(5) 起飞。这将是飞行器的第一次自由自在的"翱翔"。对于初学者而言，首次起飞一般是伴随着炸机等事故结束的。所以，建议初学者在第一次飞行调试时携带备用的正反桨 1～3 对，备用电动机和备用电子调速器各 1～2 个。情况允许时可以携带包含烧录程序的笔记本电脑，并记住携带数据线。起飞的操作仅仅需要慢慢推动油门，在快要离开地面时，控制飞行姿态，平稳起飞。然后，稍微调整油门，使飞行器平稳的飞行在某个高度。

(6) 飞行过程。在起飞后，不是说就没有问题了。在此时，需要使用摇杆来控制飞行器做一些简单的动作，了解飞行器接收发射机的指令后是否能够正确处理。同时，也是在训练操纵者的操纵能力。对于初学者需要慢慢适应。初学者在操作时，飞行器的飞行方式可能会比较不稳，不过不用担心，只需要长时间的练习就会飞得越来越好。

(7) 降落，并锁定飞行控制器。在飞行结束后，需要让飞行器平稳降落，缓慢地拉下油门并保持飞行器平稳飞行。待飞行器开始降落时油门停止向下拉，此时需要保持飞行器慢慢下落的趋势即可。待到飞行器接近地面时(大概距离地面 15～20 cm 时)让飞行器保持当前高度几秒钟。然后再次缓慢让飞行器降落，并在距离地面 5 cm 左右时继续拉下油门，直至飞行器着陆。随后将油门拉到最低，将飞行器锁定。

(8) 检查飞行器。降落锁定飞行器，随后断开电源。检查飞行器的磨损度，查看电线是否有破损，检查各种接口处是否有破损。如有较大的破损，请及时更换，以免影响下一次飞行。

(9) 整理飞行器。最后，在调试完后，整理飞行器断开电源，将飞行器相关物品收进收纳盒。

6.2.4　有桨叶调试的基本内容

飞行器安装完成并经过了严密的检查，并不能说明飞行器已经可以安全飞行了。在真实的飞行过程中，飞行器有可能出现一些平常不注意的问题。而且在飞行时需要一个较长的时间，这样对电动机、电子调速器、焊接线路、电池和发射机都提出了考验。

多旋翼飞行器有桨叶调试，主要指在飞行器起飞后的一段过程中进行的相关测试。在本小节的有桨叶调试中，会详细介绍如何操作飞行的方式并要求读者认真学习该操作。其中测试内容包括油门测试、偏航测试、俯仰测试和滚转测试。这几项测试内容分别对应了发射机上摇杆的 4 个通道。具体测试内容如下所述。

1. 油门测试

油门，直接控制的是 4 个螺旋桨的转速。转速越高提供的上升的力度越大。首先，因为飞行器飞行时质量不变，所以在飞行过程中，只需要提供与重力等大的反向力(也就是上升力)即可保持飞行器的高度(在此排除了风对飞行器的影响)。当飞行高度需要提高时，可以推动发射机的油门摇杆，使飞行器的所有的螺旋桨转速提高，此时飞行器就会提高高度。如果想要飞行器高度下降，只需要拉下油门，这时飞行器所有的螺旋桨的转速就会降低，飞行器就会开始下降。

油门操作的作用就是保持、提高和降低飞行器的高度。在油门测试中，也要围绕这几点进行测试(当然也要注意其他摇杆，不要让飞行器到处乱飞)。测试时，需要反复进行测试：首先，推动油门，使飞行器高度提高；然后，到达一定高度后拉下油门；飞行器会慢慢下降；最后在快到达指定高度时，缓慢推动油门使飞行器停止下降，并保持一定的高度。需要注意的是，因为没有自稳功能，所以保持高度可能有些难以操作，需要多多练习。

2. 偏航测试

偏航，顾名思义就是偏离航向。一般来说，偏航是指机头的朝向发生改变，飞行器会随之改变前进方向，也就是改变了航行方向。在多旋翼飞行器中改变航向的方式不是使用舵机，而是通过改变桨叶的转速来完成偏航的操作。若要理解多旋翼飞行器的偏航，需要从扭矩说起。在螺旋桨旋转时，固定该螺旋桨的机架会受到一个力(力学中称为力矩)，这会带动机身跟随螺旋桨一起转动，这就是产生的扭矩。直升机就是为了抵消这种力才添加了尾桨，而在多旋翼飞行器中可以利用这种力完成偏航的操作。

在测试时，偏航操作是由油门摇杆的左右方向决定的。所以在测试偏航时需要左右摆动油门摇杆，而其他的摇杆要配合保持飞行器稳定。需要注意的是，如果没有推动摇杆使飞行器前行时，左右摆动油门摇杆，就会使得飞行器原地旋转。而在前行状态下使用偏航操作，就会出现转弯的效果。所以初学者可以借此来判断通道选择和电子调速器顺序是否正确。

3．俯仰测试

俯仰是飞行器的前行和后退的操作(而在固定翼飞机中，主要爬升和下降)。当机头俯下就会前行，当机头仰起就会后退(在直升机里是一样的效果)。在多旋翼飞行器中实现这种效果也是通过螺旋桨的选择速度控制的。如果想要机头仰起，则需要降低尾部螺旋桨的速度，增加机头螺旋桨的速度，但同时应该保证对角线上的两对桨叶的速度比相同。这样就保证了机头仰起，而且不会出现偏航的操作。俯冲操作也是类似的，只不过正好相反。

在进行测试操作时，需要用到发射机的右侧摇杆(美国手的发射机在右侧，而日本手的发射机则在左侧)。向前推动摇杆即是俯冲，向后推动摇杆即是仰起。也就是说向前推动摇杆，飞行器向前飞，向后推动则飞行器会后退。反复进行几次实验，若有异常可以进行调整，然后再次测试，直到完成测试内容。

4．滚转测试

滚转的操作原理其实跟俯仰操作原理类似，只是其运动方向有所改变。同俯仰操作相同，滚转操作时多旋翼飞行器的一侧(左移时为左侧，右移时是右侧)的螺旋桨转速会下降，而另一侧转速会增加。这样就会完成滚转操作。理论上在执行该操作时机头朝向不会改变，但是实际情况会有所不同。所以在执行操作时，需要不停地调整飞行器的机头方向，确保飞行器机头方向不会改变。

在测试操作时，进行滚转操作的摇杆是右侧摇杆(美国手的发射机在右侧，而日本手的发射机则在左侧)。此摇杆的左右摆动即是滚转操作。操作方式也同俯仰操作类似，但是应当注意操作的幅度不宜过大，每个操作的时间也不宜过长，否则，飞行器移动距离较远，可能移动出活动范围。

6.3　多旋翼飞行器高级性能调试

完成多旋翼飞行器有桨叶调试和无桨叶调试后，飞行器已经基本可以起飞了。但这时的飞行器性能可能没有达到最佳状态，因此还要根据需要再对 APM 飞行控制器进行相关优化设置。

6.3.1　飞行控制器电池、GPS 和地面站故障保护设置

接好 APM 飞行控制器的 USB 线，打开 Mission Planner，点击"连接"图标。打开主

菜单"初始设置"的"必要硬件"中的"故障保护"，如图 6-29 所示。

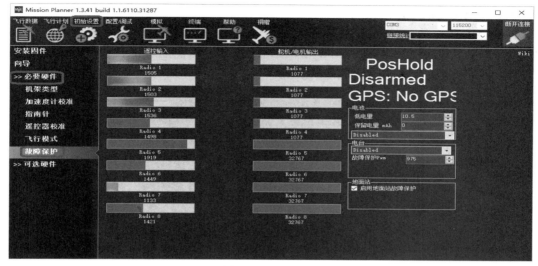

图 6-29　软件设置

1．电池故障保护

如果 APM 飞行控制器使用电源供电模块，则可以进行电池故障保护设置。在图 6-29 中，电池设置参数如下。

(1) 低电量：设置认为需要激发电池故障保护的电压。锂电池的标称电压是 3.7 V，低于 3.7 V 时降压特别快。如电芯在 3.6 V 时激发电池故障保护，3S 的电池是 3×3.6 V = 10.8 V。如电芯在 3.5 V 时激发电池故障保护，3S 的电池是 3×3.5 V = 10.5 V。低于这个设置的电压超过 10 秒就会激发电池故障保护。

(2) 保留电量：设置剩余电池容量多少时候激发电池故障保护。一般是设置为总容量的 20%。如电池容量是 2600 mA·h，20%的容量是 520 mA·h。低于这个设置的电池容量就会激发电池故障保护。如果输入 0 的话将忽略这个参数。

(3) 设置完毕后，把"Disabled"改为"Land"(降落)或者"RTL"(返航)。

如果是在自稳(Stabilize)飞行模式或者特技(Acro)飞行模式下解锁，并且油门为 0，APM 飞行控制器会立即上锁；如果是在自动(AUTO)飞行模式下，并且 GPS 已经定好起飞前"家"的位置，飞离"家"2 米以上距离的时候就自动返航(RTL)；其他情况下是执行降落(Land)。即电池故障保护只有在自动飞行模式下会激发"RTL"(返航)，其他飞行模式都是立即降落。

因此，在使用电池故障保护时需要注意以下几点：

(1) 设置电池参数时一定要设置好电源模块的电压和电量参数，否则会激发出错误的电池故障保护(如果换不同电压或者容量的电池后，务必要重新修改以上参数)。

(2) 由于这个电池故障保护只有在自动(AUTO)飞行模式下才有可能自动返航，其他飞行模式都是立即降落，有一定的使用风险。通过 OSD、地面站、电压告警 BB 响等人工监控的方式判断电池状态，而做对应的处理是最可靠的，要谨慎使用这个电池故障保护功能。

2．GPS 故障保护

默认情况下，AMP 飞行控制器的 GPS 故障是开启的。如果飞行器在需要使用 GPS 的飞行模式下(自动、引导、留待、返航、绕圈、定点、飘移等)飞行，发生超过 5 秒的 GPS 故障就会激发降落或者定高模式。

打开 Mission Planner 软件主菜单"配置/调试"的"全部参数表"，在搜索框中输入"FS_GPS_ENABLE"查询。"FS_GPS_ENABLE"值中 0 表示禁止，1 表示切换到降落模式，2 表示切换到定高飞行模式，修改结束后点击"写入参数"按钮，保存结果，如图 6-30 所示。

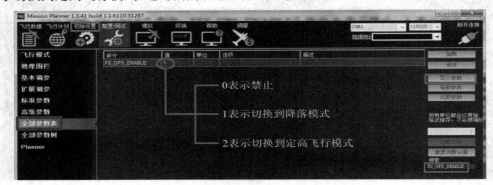

图 6-30　GPS 故障保护设置

3.　地面站故障保护

如果使用地面站通过数传来控制飞行器，在地面站软件发生故障或者电脑死机时，造成地面站与飞行器失去联系超过 5 秒后即会激发地面站故障保护。

打开 Mission Planner 软件主菜单"配置/调试"中的"全部参数表"，在搜索框中输入"FS_GCS_ENABLE"查询，如图 6-31 所示。"FS_GCS_ENABLE"值中 0 表示禁止地面站故障保护，1 表示立即返航，2 表示自动飞行模式将会继续任务，其他飞行模式返航。需要注意的是，如果地面站只是调参或者监控用途，并没有直接控制飞行器飞行，那就没必要激活这个地面站故障保护。

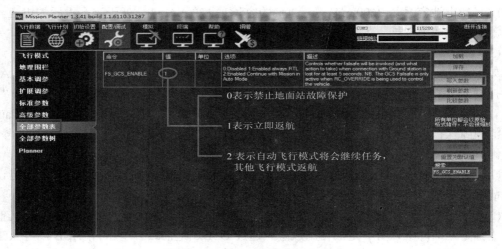

图 6-31　地面站故障保护设置

如果激发地面站故障保护后，飞行器与地面站又恢复连接，飞行器会保持激发故障后的飞行模式(返航或者降落)，这时需要手工切换到其他飞行模式。例如开始时是自稳的飞行模式，发生地面站故障保护后飞行模式更改为返航或降落，如果想要重新控制飞行器，则需要再次切换飞行模式，才能切换回到自稳模式。

6.3.2　飞行控制器 PID 参数调试

APM 飞行控制器的稳定性跟 PID 参数有很大关系，但调整 PID 参数是个复杂的过程。APM 飞行控制器具有 PID 自动调参功能，启用自动调参功能后，调好后的飞行器性能有很大改善。

1. 自动调参前的准备工作

(1) PID 自动调参需用一个通道 7 或者通道 8 的 2 段开关，首先先检查通道 7 或者通道 8 是否被占用。以乐迪 AT9 遥控器为例，先打开遥控器开关，进入基础菜单，选择"辅助通道"，如图 6-32(a)所示，检查通道占用情况，选择一个没有被占用的通道，例如，这里选择的是 SwA 2 段开关做通道 7 开关，如图 6-32(b)所示。

(a) 进入基础菜单　　　　　　　　　(b) 选择通道

图 6-32　遥控器设置

(2) 接好 APM 飞行控制器的 USB 线，打开 Mission Planner 软件，点击"连接"图标。打开主菜单"初始设置"的"必要硬件"中的"遥控器校准"。拨动通道 7 开关，检查 Radio 7 的最高值是否大于 1800。否则要检查下遥控器的通道开关是否设置错误；或者点下"遥控器校准"重新把所有通道校正一次，如图 6-33 所示。测试时候，要记住通道 7 开关打到哪里是最大值，此例中是把 SwA 打到最下端时是最大值。

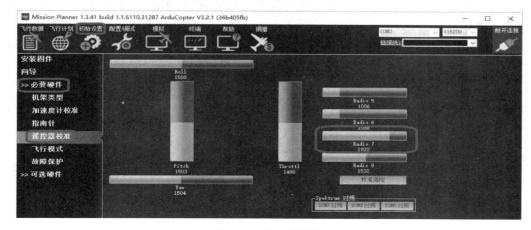

图 6-33　遥控器校准

（3）打开 Mission Planner 软件主菜单"配置/调试"中的"扩展调参"。把通道 7 选项改为"AutoTune"，再点击"写入参数"，如图 6-34 所示。

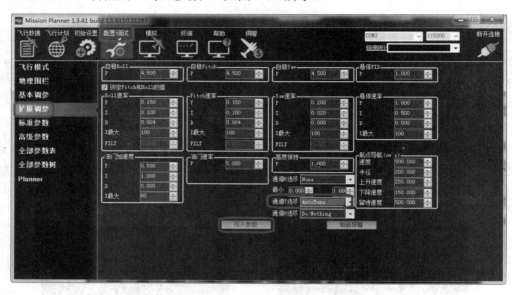

图 6-34　遥控器通道 7 参数设置

（4）确保飞行器飞行是正常的，就是说除了自动调参外，飞行器的调整基本完成，是一台正常的飞行器，千万不要在一台很不稳定的飞行器上自动调参。自动调参时，APM 飞行控制器的飞行模式要有一个是定高模式，并且定高状态下飞行是正常的，就是高度能保持基本的稳定。

（5）打开自动调参的日志，以方便调参后对结果的检查。打开 Mission Planner 软件主菜单"配置/调试"中的"标准参数"。搜索"LOG_BITMASK"，其中的"IMU"选项一定要勾选上，再点击"写入参数"按钮，如图 6-35 所示。

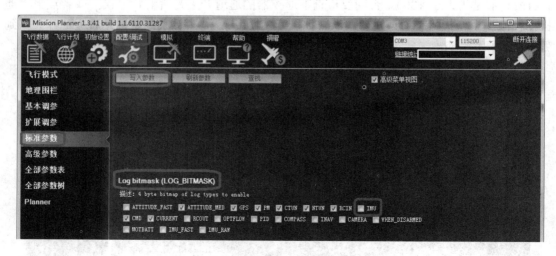

图 6-35　设置自动调参日志

（6）自动调参需要 5～7 分钟，自动调参时电池要充满电，至少满足 10 分钟左右的飞行时间。

(7) 记住自动调参前的数值，方便调参后对比。自动调参是调整图 6-34 中自稳 Roll 参数 P、自稳 Pitch 参数 P 以及 Roll 速率和 Pitch 速率的 PID 参数。

(8) 找一个空阔的地方进行自动调参，为了让数据更加真实准确，最好选择无风或有微风的天气，否则风太大会吹着飞行器跑，影响调参结果。

(9) 自动调参前，再次检查螺旋桨、电动机、电池等所有设备是否安装稳固，跟自动调参无关的数传、LED 灯等不要开启。

2．自动调参的步骤

(1) 在遥控器上把自动调参的第 7 通道开关打在低位上，切换到自稳飞行模式，按正常步骤对 APM 飞行控制器解锁，加油门起飞后，在大约 5～10 m 的高度切换到定高飞行模式。

(2) 把自动调参的第 7 通道开关打在高位上，APM 飞行控制器自动调参开始。飞行器会左右前后摇摆。如果飞机飞的太远了，可以用遥控器控制杆让它飞近点，回来时飞行器用的是最初设置的 PID 参数。飞回来之后松开遥控器控制杆，自动调参将会继续进行。如果想中途终止自动调参，将通道 7 开关打到低位即可。

(3) 整个自动调参过程需要 5～7 分钟，等飞行器稳定下来不再左右摇摆时表示自动调参完成，拉低遥控器油门杆让飞行器降落后，立即对 APM 飞行控制器上锁(油门杆最低方向最左)，自动调参后的数据就自动保存了。如果不想保持这次的自动调参数据，把通道 7 开关打到最低位再立即上锁。

(4) 保存自动调参数据后，把通道 7 开关打到最低位，解锁后用自稳飞行模式起飞，检查调整后的效果。在 Mission Planner 软件中对比自动调参后的数据。

(5) 打开 Mission Planner 软件主菜单"配置/调试"中的"扩展调参"。把通道 7 选项改为"Do Nothing"，再点击"写入参数"按钮，自动调参结束。

3．自动调参的注意事项

(1) 选择进行自动调参的场地要尽量开阔，调试过程中在自动调参时飞行器飞远了拉回来后，就自动终止了调参。

(2) 自动调参时如果坠机，要立即把自动调参开关打到低位，否则就算是油门拉到最低了，电动机还在转动。

(3) 如果把自动调参开关打到高位后，飞行器没反应，可以打到低位再打一次高位。

(4) 自动调参有一定的失控风险，因此要选择人少的时候进行。

6.3.3　飞行控制器自稳飞行模式自动微调

APM 飞行控制器在自稳飞行模式状态下发生左右前后的漂移是正常的，但如果刚起飞并且在风力很小的情况下发生漂移，可以使用 APM 飞行控制器的自动微调功能进行性能改善。具体步骤如下。

(1) 接好 APM 飞行控制器的 USB 线，打开 Mission Planner 软件，点击"连接"图标。打开主菜单"配置/调试"中的"全部参数表"，分别搜索"AHRS_TRIM_X"和"AHRS_TRIM_Y"，把这两个参数值记下来，如图 6-36 所示。

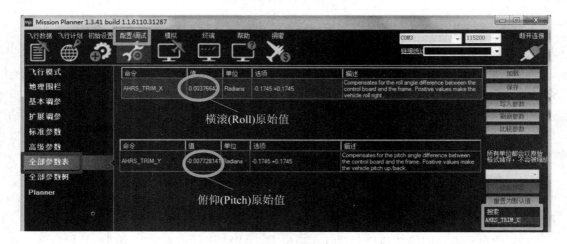

图 6-36 参数记录

(2) 选择无风或有微风的天气，在户外开阔地带打开遥控器电源，接上飞行器电源线，选择自稳飞行模式。对 APM 飞行控制器进行解锁，解锁后的控制杆保持(油门最低方向最右)住 25 秒，直到 APM 飞行控制器上的红色灯、蓝色灯和黄色灯像警灯般周期性闪烁，才可进行下一步操作，如果不出现这种周期性闪灯，之后的步骤都没用。

(3) 把遥控器的油门杆轻轻推高让飞行器起飞，用遥控器的横滚(Roll)和俯仰(Pitch)控制杆保持飞行器平稳悬停超过 25 秒后降落，再把遥控器油门杆拉到最低等 10 秒左右，让 APM 飞行控制器对微调后参数进行保存。

(4) 再次用自稳飞行模式起飞，检查漂移情况是否已经有所改善，如果改善不明显，再将以上步骤重复一次。需要注意的是在自稳飞行模式下，飞行器完全保持静止是不可能的，只要微调到比之前有改善就算成功。

(5) 如果调试完后感觉比以前更差或者不想保存调试结果，把"AHRS_TRIM_X"和"AHRS_TRIM_Y"两个参数改回原来的数值即可。

APM 飞行控制器的功能较多，为了得到更好的飞行体验，需要初学者不断地练习飞行技术，研究飞行控制器的原理，更好地挖掘飞行控制器的潜在性能。

第 7 章　多旋翼飞行器飞行训练与安全

在了解了多旋翼飞行器的工作原理及整个制作、调试过程后，本章将介绍多旋翼飞行器的基础飞行训练、模拟器的使用以及与飞行相关的安全法规信息。

7.1　多旋翼飞行器的基础飞行训练

作为一名初次接触多旋翼飞行器的新手，必须先做基础飞行训练。基础飞行训练可分为飞行器起飞与降落训练、上升与下降训练、俯冲与上仰训练、左偏航与右偏航训练、左侧翻滚与右侧翻滚训练和日常飞行训练。

7.1.1　飞行安全检查

飞行过程中出现意外事故很大一部分原因是飞行前检查工作不够仔细。多旋翼飞行器上存在的任何一个小问题都极有可能导致其在飞行过程中出现重大事故，为了保障飞行器的飞行安全，在飞行前必须进行严格的检查，主要包括飞行环境检查、机体检查、遥控装置检查等项目。具体检查内容如下。

1. 飞行环境检查

在出门和准备起飞之前，最好检查一下场地是否允许飞行，是否设置了临时的禁飞区。飞行的地方要确定没有太多的人，而且不允许在距离人和建筑物 50 米的范围内飞行。飞行过程中，如果听到或者看到低空飞过的有人驾驶飞机，最好离它们远点，甚至赶紧降落。还应当查看一下天气预报，以确保风不会很大。因为在飞行过程中，空气对飞行器的影响最大，其中最为严重的就是风。另外，不要选择下雨天(雪天)进行飞行。

通常情况下，多旋翼飞行器飞行环境具有以下要求：

(1) 尽可能选择平坦地面进行飞行训练。

(2) 在初次练习起飞前，确保起飞点周围 50 米内、飞行器飞行环境 50 米内无遮挡物，远离人群。

(3) 恶劣天气下请勿飞行，如大风、雨、雪、有雾天气等。

(4) 选择开阔、周围无高大建筑物的场所作为飞行场地，避免飞行器返航时发生碰撞。大量使用钢筋的建筑物会影响指南针的工作，而且会遮挡 GPS 信号，导致飞行器定位效果变差，甚至无法定位。

(5) 飞行时，要控制飞行器使其保持在视线内，远离障碍物、人群、树木、水面、高压线等。

(6) 不要在电磁环境较为复杂的场所飞行，如高压线附近、大型电力设备附近、移动通信基站附近、高大建筑群附近等，以避免遥控器受到干扰。

(7) 较大的灰尘或细沙会卡住电动机，因此要避免在此类环境下飞行。

(8) 不要在法律或法规限制的禁飞区内飞行，如机场、重要广场等。

(9) 在高海拔区域飞行，由于环境因素会导致飞行器电池及动力系统性能下降，飞行性能将会受到影响，请谨慎飞行。

2. 机体检查

机体检查是一项非常有必要的检查，要确保所有的设备都已安装牢靠，在飞行的过程中不会松脱，尤其是特别要注意飞行器的动力电池。即使在制作飞行器的过程中已经非常仔细，但在飞行前仍有必要确保所有的电缆都连接牢靠，而且不会与电动机和螺旋桨发生碰撞。同时，还要确保螺旋桨没有变形或损伤裂纹，如果有这样的问题，会导致产生额外的振动，最糟糕的情形就是桨叶在飞行过程中断裂。

一旦确定每项工作都已经做到位了，下一步就是检查飞行控制器系统是否能工作正常。由于所有的飞行控制板在接通电源时，都要对加速度计和陀螺仪进行初始化，在这个过程中不要移动飞行器，飞行器要放置在水平地面上，这一点非常重要，以确保初始化能够正确地进行。如果在飞行器上使用了 GPS 接收机，在起飞前需要检查 GPS 是否能搜索到足够多的卫星，以便能够准确定位并给出起飞点的坐标值。这些检查工作根据系统的不同而有所不同，但通常可以通过 LED 状态灯的变化来做出判断，或者通过平板电脑、智能手机或笔记本电脑上的地面控制站软件来加以检查。由于飞行控制器系统的不同，很难给出一个统一的检查单，但其技术文档应该会告诉你最重要的事情是什么。一些飞行控制器有一些内置的安全措施，如果存在问题就能够阻止无人机的起飞。

最后要检查的事项就是飞行器的机械结构。另外，还要将所有螺丝紧一紧，因为电动机的振动可能会让螺丝变松。

3. 遥控装置检查

遥控装置检查就是检查无线电遥控设备与飞行控制器之间的通信是否正常。对大多数飞行控制器，可以通过遥控校准过程加以检查，这也是飞行控制器设置过程的一项内容。但要确保遥控器上没有设置任何混控。一个简单的方式就是每次只移动遥控器控制杆的一个通道，确保飞行控制器上只有一个通道做出响应。通过这样的方式，可以确保所有的通道都是正确的，比如从低到高移动油门杆，在飞行控制器设置界面上就能够看到相同的响应。如果此时其他通道也有响应，则说明可能存在某些连接上的错误。如果从低到高移动油门杆，而飞行控制器表现出来的输入数据则是从高到低，这就需要将该通道反向一下，可以在无线电遥控发射机上反向，但最好是在飞行控制器的软件上做这项更改。

4. 飞行安全检查清单

在每一次放飞飞行器时，建议操控者按照下面的飞行安全检查清单进行检查，以避免一些常见的飞行事故。

(1) 检查飞行器是否有任何损坏；

(2) 确保所有部件齐全；

(3) 检查电池电量；

(4) 检查遥控器电量；

(5) 检查移动设备电量；

(6) 确保移动设备打开飞行模式；

(7) 飞行前确定地面是否平整；

(8) 飞行前，设定好返航高度(确保返航高度高于周围障碍物高度)；

(9) 飞行前检查环境风力；

(10) 检查螺旋桨安装松紧度(适中)；

(11) 飞行前进行指南针校准；

(12) 飞行前确认遥控器调整至 GPS 模式；

(13) 飞行前检查遥控器信道；

(14) 正式飞行前进行试飞(离地不超过 5 米)；

(15) 飞行前手动刷新返航点；

(16) 高空飞行可根据姿态球判断风力大小；

(17) 长时间未使用的话还须检查电动机、校准 IMU。

7.1.2 飞行器起飞与降落训练

飞行器起飞与降落是飞行过程中首要的操作，虽然简单但也不能忽视其重要性。

起飞时，远离飞行器，解锁飞行控制器，缓慢推动油门等待飞行器起飞。这就是起飞的操作步骤，其中推动油门时一定要缓慢，即便已经推动一点距离，电动机还没有启动也要慢慢来。这样可以防止由于油门过大而无法控制飞行器。在飞行器起飞后，不能保持油门不变，而是待飞行器达到一定高度，一般是离地约一米后开始降低油门，并不停地调整油门的大小，使飞行器在一定的高度范围内徘徊。因为有时油门稍大飞行器上升，油门稍小飞行器下降，这样就必须将油门控制在这个范围内才可以保持飞行器高度。

降落时，同样需要注意操作顺序：降低油门，使飞行器缓慢靠近地面，离地面约 5～10 cm 处时稍微推动油门，降低下降速度，然后再次降低油门直至飞行器触地(触地后不得推动油门)，油门降到最低，锁定飞行控制器。相对于起飞来说，降落是一个更为复杂的过程，需要反复练习。

在降落和起飞的操作中还需要注意保证飞行器的稳定，飞行器的摆动幅度不可过大，否则降落或起飞时，有打坏螺旋桨的可能。

7.1.3 飞行器上升与下降训练

飞行器简单的上升与下降练习不仅可以锻炼对油门的控制，还可以让初学者学会稳定飞行器的飞行。在练习时注意场地需要有足够的高度，最好在户外进行操作练习。

1. 上升练习

上升过程是飞行器螺旋桨转速增加，飞行器上升的过程。这个过程主要的操纵杆是油门操纵杆(美国手左侧摇杆的前后操作杆为油门操作，日本手右侧摇杆的前后操作杆为油门操作)。练习上升操作时，(假设已经起飞)缓慢推动油门，此时飞行器会慢慢上升，油门推动越多(不要把油门推动到最高或接近最高)，上升速度越大。在上升到一定高度或者上升速度达到自己可控操作的限度时停止推动油门，这时，会发现飞行器依然在上升。若想停止上升，必须降低油门(同时注意，不要降低得太猛，保持匀速即可)直至飞行器停止上升。然而这时会发现飞行器开始下降，这时又需要推动油门让飞行器保持高度，反复几次操作后飞行器即可稳定。这就是整个上升过程。

2．下降练习

下降过程同上升过程正好相反。下降时，螺旋桨的转速会降低，飞行器会因为缺乏升力开始降低高度。在开始练习下降操作前，确保飞行器已经达到了足够高的高度。在飞行器已经稳定悬停时，开始缓慢拉下油门。注意，不能将油门拉得太低！在飞行器有较为明显的下降时，停止拉下油门摇杆。这时飞行器还会继续下降。同时，注意不要让飞行器过于接近地面。在到达一定高度时开始推动油门迫使飞行器下降速度减慢，直至飞行器停止下降。这时会出现与上升操作时类似的状况，飞行器开始上升，这时又需要降低油门，保持现有高度。经过反复几次操作后飞行器才会保持稳定。

在操作练习过程中如果下降高度太多，或者快要接近地面，但是飞行器还无法停止下降时，需要加快推动油门的速度(操作者可以自行考量应该多快)。但是要注意查看飞行器姿态，若过于偏斜，则不可加速推动油门，否则会有危险。

在这里可以看出飞行器的下降过程不同于上升过程。因为上升时需要的是螺旋桨的转速提供的升力，而且在户外，一般没有上升的限制，而下降则不同，螺旋桨提供的升力成了辅助用力，下降过程主要靠重力作用在下降。所以对于操纵者来说，下降更难以操作，需要多加练习才可很好掌握。

7.1.4　飞行器俯冲与上仰训练

飞行器俯冲与上仰操作，也是飞行的基本操作。俯仰操作用于飞行器的前行和后退，以保证飞行器正确飞行。

1．俯冲练习

俯冲操作时，飞行器机头会略微下降，机尾会抬起。对应于螺旋桨的转速则是机头两个螺旋桨转速下降，机尾螺旋桨转速提高，随之螺旋桨提供的力就会与水平面有一定的夹角。这样一来，不仅可以给飞行提供抵消重力的升力，而且提供了前行的力。这时升力也会减小，所以飞行器高度会降低，可以适当推动油门。

操作俯冲的摇杆(美国手发射机是右侧摇杆，日本手发射机是左侧摇杆)，只要往前推摇杆，飞行器就会俯冲前行。同样在俯冲前行时需要注意，开始俯冲时要让飞行达到一定高度。对于初学者，飞行最好离地约一人高以上的距离，并且确认飞行器前行的"航线"上没有任何障碍物(并确保飞行时也不会有障碍物移动到飞行器前方或附近)。飞行时轻推摇杆，飞行器即开始向前飞行。如果推动摇杆的幅度越大，飞行器前倾的角度越大，前行速度越大。但是当摇杆推动的幅度过大时，机头部分的两个螺旋桨有可能会过低，导致飞行器翻跟头，或者直接"坠机"(有自稳的飞行器一般不会出现这种状况，但也不要轻易尝试)。所以在推动摇杆俯冲时，推动幅度不能过大，一般只要飞行器开始前行时即可停止推动，保持摇杆现在的位置，让飞行器继续向前飞行。同样，在飞行时需要使用其他摇杆来保持飞行方向。

2．上仰练习

上仰操作与俯冲操作类似，只不过需要将摇杆从中间位置向后拉动。在拉动的过程中，飞行器尾部两个螺旋桨会减缓转速，机头两个螺旋桨会加快转速。然后会出现与俯冲操作类似的现象，只不过飞行器会向后退行。所以，在练习操作时需要确保飞行器后退的路线上没有任何障碍物，包括操作者自己也不要站在飞行器后面，以免发生意外。确保一切安全后就可以开始操作练习了。缓慢拉下摇杆，使得飞行器开始退行时停止拉动摇杆。这时飞行器会继续退行。当退行一定距离后，缓慢推动摇杆，直到摇杆恢复到中间位置时停止推动，这样飞行器就会停止退行。上仰练习完成。

7.1.5　飞行器左偏航与右偏航训练

飞行器左偏航与右偏航练习，用于学习改变飞行器航线。在飞行过程中改变航向也是一个非常常用且基本的操作。

1．左偏航练习

左偏航练习是在飞行器前行时，使得飞行器向左偏转的操作(类似于汽车转弯)。在进行偏航操作时，使用到的摇杆是油门摇杆，但是只有左右方向的才是偏航操作。在左偏航时，摇杆轻轻向左侧摆动。当摆动以后，飞行器的机头会开始转向。在飞行器没有使用俯仰操作时，直接摇动偏航，飞行器会原地旋转(类似于陀螺)，转动方向与摇杆打的幅度有关系，摇杆偏离中心位置越大，转动速度越快(当然为了不出意外，还是不要尝试将摇杆偏离中心位置太多)。

在练习时需要练习以下两种模式：

(1) 左转弯，这项操作需要使用俯仰操作来配合。首先需要使用俯仰操作让飞行器前行，然后缓慢将油门杆向左打一点，然后停止操作(保持现在的摇杆位置)。这时候可以观察到飞行器已经开始向左转弯。保持摇杆位置大约2～4秒即可将油门杆的左右方向回中，右侧的方向摇杆全部回中。这就是左转弯操作。

(2) 旋转(逆时针)，这一步操作说起来很简单，只需要将油门杆拨动到一侧即可。但是在旋转时有可能无法保持正确的位置(飞行器会到处乱跑)，所以在做旋转操作时需要慢慢来。首先，需要将油门杆轻微拨动一下，看到飞行器开始有轻微旋转时停止拨动，保持现有位置。这时飞行器会慢慢开始转动，同时，应该注意飞行器的飞行方式，如果感觉有些控制不住，立刻松开油门杆，让油门杆自动回中。同时，准备控制方向杆以控制飞行器的位置。如果发现飞行器在旋转则需要拨动油门摇杆。

操纵飞行器旋转一圈后即算是完成了旋转的练习。

2．右偏航练习

右偏航练习，同左偏航练习类似，只是需要将摇杆向右侧打。同样也需要两种练习，即右转弯和旋转(顺时针)。在此提醒读者，左偏航和右偏航练习，来回交替进行更好。例如，左转弯以后紧接着右转弯，(逆时针)旋转后是(顺时针)旋转，这样来回交替练习效果更好。

7.1.6　飞行器左侧翻滚与右侧翻滚训练

飞行器左侧翻滚与右侧翻滚练习，不是让飞行器真的翻滚，而是让飞行器有些许的倾斜。而所谓的真的翻滚是初学者在基本操作掌握之后要练习的高级特技动作。其实应该说这里的翻滚练习是侧飞练习，因为这里的操作会使得飞行器侧向移动。

1. 左侧翻滚练习

左侧翻滚练习需要将方向杆向左侧拨动(将方向杆向左侧打)。将方向杆轻微向左侧拨动，飞行器左侧两个螺旋桨的转速会下降。这时会发现，飞行器开始倾斜，并且飞行器会向左侧飞行。等待飞出一定距离以后，将方向杆回中。这样就完成了一次左侧翻滚练习。同样，在练习时需要注意场地选择，保证飞行器活动范围内没有任何障碍物。

2. 右侧翻滚练习

右侧翻滚练习和左侧翻滚练习类似，只是将方向杆向右侧拨动。同样，将方向杆打向右侧(少量即可，不可多打)，飞行器右侧的螺旋桨会降低转速，机身会呈现右侧高度降低的状态。这样飞行器开始向右侧飞行，注意不能碰到任何障碍物，飞行一段距离后，将摇杆回中，停止飞行。这样就完成了一次右侧翻滚练习。

7.1.7　飞行器日常飞行训练

学会了基本操作，并不一定会熟悉飞行器飞行方式，所以还需要大量的其他操作训练，如本部分的日常飞行训练。将日常飞行训练做好，可以了解和熟悉飞行器的飞行方式，从很大程度上提高对飞行器操控的感觉。

1. 飞行器悬停训练

飞行器悬停是一项比较基本而且操作稍微复杂的一项操作。在这里需要强调一下，悬停操作需要达到的要求有：保持飞行器高度不变，保持飞行不会出现前移后退，保持飞行器不会左右摇摆。可以说悬停操作是几个日常操作练习中最为复杂的一项。学会了悬停，就可以很好地进行飞行器和发射机的微调。所以在练习时要认真体验这里的操作，为以后的操作打下调试的基础。

悬停操作，看上去很简单，但是由于飞行控制器中的程序自行调整时有些不准确(可能是传感器不灵敏，或内嵌程序算法上有些不太好等)，所以，在油门固定，而且其他摇杆都不动的情况下，飞行器有可能会不停地乱飞，当然速度较慢。(其实多少都有变化，只要控制到一定程度即可)。对于不同飞行器和不同的发射机会有不同的微妙变化，需要读者自己慢慢体验才可以。

2. 飞行器直线飞行训练

飞行器直线飞行，是一个相对简单的操作，理论上来说，只需要推动方向杆即可。但是实际情况下不会这么简单。同样由于飞行控制器的传感器和算法的问题或有风的缘故，飞行器不会完全按照发射机的操作来完成动作。所以这时需要调整发射机的操作，保证飞行器沿直线飞行。不过需要注意，在俯仰摇杆推动或拉下来的幅度过大的时候，飞行器就有下降的趋势，甚至有时候在幅度过大时直接冲向地面，所以在进行操作时要注意安全。

3. 飞行器曲线飞行训练

飞行器曲线飞行就是让飞行器沿着一条曲线飞行，可以是 Z 型或 S 型的飞行路线。采用这样的方式飞行不单单是为了好玩，更是为了锻炼读者自由操控飞行器的能力与感受飞行器飞行方式。主要原因是在空中飞行的方式会有别于地面上移动的方式，类似于"违反常识"的感觉，所以需要反复练习操作方式并感受飞行器的飞行规律。

曲线飞行操作，有别于直线飞行，当然也比直线飞行要复杂得多。首先，明确飞行路线，确保飞行路线上没有任何障碍或人。然后在飞行器起飞后，就开始沿着曲线路径飞行。飞行时，需要油门摇杆控制飞行器的朝向，使用方向摇杆让飞行器开始前进飞行。这样的运动的组合成了曲线飞行的路径。

由于多旋翼飞行器的特殊结构，在曲线飞行中还有另外一种方式。之前的曲线飞行是在不停地改变机头的朝向，而这种方式是利用侧向飞行来实现机头不变的曲线飞行。首先使用油门摇杆控制飞行器高度，并保持机头方向不变；使用方向摇杆控制飞行器的前进和侧向飞行(类似于在走路时，步子是向侧前方迈出)。逐步控制即可完成机头方向不变的曲线飞行。在练习了前进方向的飞行后，可以试着练习后退时的曲线飞行。不过需要注意，如果还不太熟练飞行器的方向控制时最好先不要练习，待熟悉了飞行器的飞行方式的控制的时候再进行练习，否则会有一定的危险。

4.飞行器爬升飞行训练

飞行器爬升训练类似于爬坡，主要是在飞行器前行的基础上提高飞行器的高度。相对来说这个操作较为简单。在操作时，需要在推动方向摇杆使飞行器前进的同时，加大油门(油门大小视情况而定)，这样在飞行时飞行器就会按照一个斜坡的方式开始爬升。等到爬升到一定高度的时候，停止爬升，接下来就可以做下降练习。

在爬升时需要注意，当开始推动方向杆的时候，飞行器前段下沉，同时有可能失去必要的升力。这时飞行器会开始下降(并开始前行，在直线飞行时，大家可能会体验到)，所以这时候需要加大油门。而到了最高点时，如果仅仅是将方向摇杆恢复到中心位置，飞行器还继续上升，这时需要适当降低油门。

5.飞行器下降训练

下降练习，与爬升练习相似，只不过这时需要降低高度，也就是降低油门。操作方式与上升也相似，向前推动方向摇杆，适当地拉下油门摇杆(有一点幅度即可，初学者不宜过多)，这时会看到飞行器开始降低高度。

在飞行时需要注意，下降的最低限度是距离地面一人高以上，因为在最后停止下降时会有初学者无法控制的一个阶段，要给自己留下一些控制余地，不要一降到底，否则很有可能毁坏飞行器。

7.2　多旋翼飞行器模拟器介绍

飞行模拟器是一种尽可能真实地再现或模拟多旋翼飞行器飞行原理和规律的系统。通过飞行模拟器学习飞行能够极大地提高初学者的飞行技术，帮助初学者建立信心、学习新的知识，且不必担心摔坏飞行器。

7.2.1　模拟器的种类

飞行器常用模拟飞行的软件主要有 RealFlight G 系列、凤凰 PhoenixRC 模拟器系列、

FMS、Aerofly 以及 Reflex XTR 模拟器。从体验上和仿真度上考虑，多旋翼飞行器主要使用的是 RealFlight G 系列和凤凰 PhoenixRC 模拟器系列，直升机主要使用的是 Reflex XTR 模拟器。目前 RealFLight 最新版本的是 G7.5，凤凰 PhoenixRC 模拟器最新版本是 5.0 版本。

1. RealFlight

　　RealFlight 是目前普及率最高的一款模拟飞行软件，它具有拟真度高、功能齐全、画面逼真等优点，最新版本为 RealFlight GenerationG7.5，其包装如图 7-1 所示。需要注意的是，在练习多旋翼飞行器时，需要选择 RealFlight G6、RealFlight G6.5 或更高的版本，才有多旋翼飞行器的模型。RealFlight 模拟器的飞行器模型数量众多，而且除了安装软件时自带的模型，还可以添加一些论坛上提供的自制模型，或者读者可以根据现有模型修改相应的参数，然后制作出新的模型。

图 7-1　RealFlight 模拟器

　　RealFlight G 7 以上的版本中增加了针对 DJI 多旋翼飞行器的练习模式，有条件的读者可以购买这个版本进行练习，将会达到事半功倍的效果。

2. Reflex XTR

　　Reflex XTR 是一款德国开发的飞行模拟器，适合直升机的模拟练习，软件附带精选的 26 个飞行场景，一百多架各个厂家的直升机、固定翼模型，60 部飞行录像，需要专门的遥控器才可以使用，其包装如图 7-2 所示。

图 7-2　Reflex XTR 模拟器

　　Reflex XTR 模拟器具有环境仿真程度最高、相关设置最简单、安装过程方便等特点。Reflex XTR 模拟器不受场地、天气、设备的影响，只要有一台电脑就可以随时随地进行模拟飞行。Reflex XTR 模拟器和 RealFlight 模拟器一样支持在线与其他玩家一起在模拟器中玩飞行器，并且还有对战模式，可以跟在线的玩家一起切磋飞行器的操纵技术。

　　Reflex XTR 安装好后不仅拥有众多的机种，还可以设计一款只属于自己的特殊机种，可以自行设定翼展、翼弦、翼型、发动机的大小、桨的尺寸、涂装等。

3. 凤凰 PhoenixRC

　　凤凰 PhoenixRC 模拟器是一款最为流行的模拟器软件，效果逼真，场景迷人。使用凤凰模拟器可以让初学者迅速掌握各种复杂的飞行操作，其软件如图 7-3 所示。凤凰

PhoenixRC 模拟器包含了上百种固定翼和直升机的模型及少量多旋翼飞行器模型。

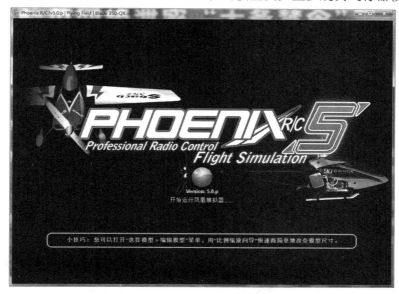

图 7-3 PhoenixRC 模拟器

想要获取凤凰 PhoenixRC 最新版本可以在 www.phoenix-sim.com 网站中获取，而且需要用相应的操纵设备才可以支持使用。

目前凤凰 PhoenixRC 的最新版本为 RC5，相对于 RC4 等版本，RC5 的模型更多，使用者可以体验更多的飞行器。当然，这些模型还包括一个 DJI 的四旋翼飞行器模型，这也是简单航拍较为常用的一个机型。而且新版本较旧版本来说，操控性和真实性更加优越，更能体验真实的飞行方式。在凤凰 PhoenixRC 中，可以自由选择飞行场景、飞行时的天气状况，如风向、风速等。这样可以更准确地模拟现实情况。

一般情况下，选择模拟器时要考虑使用最新版本的模拟软件，因为它会更新一些新的机型和模拟算法，例如以往的模拟软件里就没有多旋翼飞行器模型等。RealFlight 的模拟器模拟真实飞行情况的像真性要好一些，但是安装比较繁琐。凤凰 PhoenixRC 模拟器的安装要相对容易些，飞行上手也容易些，但是追求高模拟度还是推荐 RealFlight 模拟器。一般新版本的模拟器性能会优秀些，但是同时对于电脑的要求也会更高。

7.2.2 模拟器软件使用

1. 模拟器软件安装

在介绍了几款模拟器后，这里以 RealFlight G 7.5 为例，详细讲解如何去安装和使用模拟器软件。

(1) 购买模拟器的套装，包括遥控器和软件光盘。将光盘插入光驱内，即可自动开始安装。如果没有开始安装，可以找到光盘的内容，双击 setup.exe 文件，如图 7-4 所示。

(2) 运行 setup.exe 文件后出现图 7-5(a)所示界面，点击"Advanced"按钮之后会出现下拉窗口，可以选择安装路径(不要选择中文路径)，需要注意的是，RealFlight 软件较大，需要占 3 G 左右的硬盘空间，所以需要安装盘有足够的空间。之后点击"Install"按钮，开始安装，如图 7-5(b)所示。

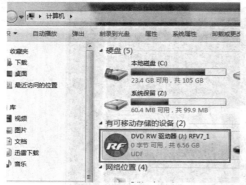

(a) 装入光驱

(b) 运行安装文件

图 7-4　安装文件

(a) 安装高级设置

(b) 安装路径选择

图 7-5　安装设置

(3) 等待几分钟即可完成安装，随后会弹出如图 7-6(a)所示的安装完成提示窗口。点击"确定"按钮后，RealFlight 会要求安装 DirectX 组件(DirectX 组件是由微软公司创建的多媒体编程接口)，如图 7-6(b)所示。选择接受此协议，点击"下一步"即可完成安装，接下来就可以使用安装的 RealFlight 模拟器了。

(a) 安装 RealFlight 完成

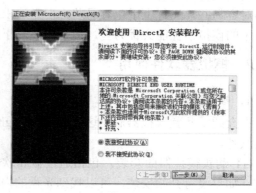

(b) 安装 DirectX 组件

图 7-6　安装完成

2. 模拟器软件设置

模拟器的调试和设置要根据通道来设定，一定要在遥控器设置的选项里设置好摇杆的位置，校准中立点、通道的正反向，这样才能实现对飞行器的精准操控。

(1) 运行桌面上的 RealFlight G7.5 控制台，出现如图 7-7 所示的欢迎界面，选择 "FLY" 按钮，进入软件设置。

图 7-7　RealFlight G7.5 欢迎界面

(2) 飞行前需要校准遥控器，选择 "Simulation" 菜单里的 "Select Controller"，如图 7-8 所示。

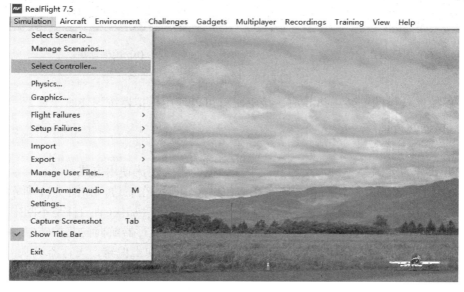

图 7-8　选择遥控器

(3) 在图 7-9 中选择"InterLink Elite"方式。

图 7-9　遥控器连接方式

(4) 在图 7-9 中选择校准"Calibrate"按键，出现图 7-10(a)所示的界面，把所有摇杆放在中间位置，点击"Next"，进入图 7-10(b)所示界面，这时将摇杆最大范围来回打动几次，最后都放在中间位置，让最上面的 4 个通道数值都在中间。

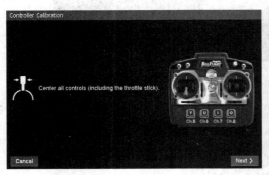　　　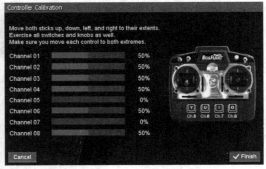

(a) 摇杆放在中间位置　　　　　　　　　　　(b) 校准通道

图 7-10　校准遥控器

至此模拟器软件的安装工作完成，接下来就可以使用模拟器练习飞行了!

3. 模拟器飞行训练

1) 模拟器练习手法

遥控方式分为美国手、日本手和其他手法，前两者为主流使用方式。

(1) 美国手：美国手的油门和方向在左边，副翼和升降在右边，如图 7-11 所示。

在图 7-11 中，左手操纵杆向上是油门加大，飞行器速度加快(油门杆是不回中的)，反之减小，速度减慢；左手操纵杆向左，方向舵向左偏转，飞行器航向向左偏转(方向杆要回中)，反之向右，航向向右偏转；右手操纵杆向下，升降舵向上偏转，飞行器机头向上爬升(升降杆要回中)，反之向上，升降舵向下偏转，飞行器机头向下俯冲；右手操纵杆向左，右边副翼向下偏转，左边副翼向上偏转，飞行器以机身为轴心向左倾斜(副翼杆要回中)，反之向右倾斜。

图 7-11　美国手遥控方式

(2) 日本手：日本手的油门和副翼在右边，方向和升降在右边，如图 7-12 所示。

图 7-12　日本手遥控方式

在图 7-12 中，右手操纵杆向上是油门加大，飞行器速度加快(油门杆是不回中的)，反之减小，速度减慢；右手操纵杆向左，右边副翼向下偏转，左边副翼向上偏转，飞行器以机身为轴心向左倾斜(副翼杆要回中)，反之向右倾斜；左手操纵杆向左，方向舵向左偏转，飞行器航向向左偏转(方向杆要回中)，反之向右，航向向右偏转；左手操纵杆向下，升降舵向上偏转，飞行器机头向上爬升(升降杆要回中)，反之向上，升降舵向下偏转，飞行器机头向下俯冲。

2) 模拟器基础训练

(1) 对尾悬停：飞行器尾部朝向操控者，升空完成悬停，尽量保持在定点不跑。对尾悬停可在初期锻炼操控者在操控上的基本反应，熟悉飞行器在俯仰、滚转、方向和油门上的操控。

(2) 对头悬停：飞行器升空后，相对于操控者而言，机头朝向操控者，完成定点悬停。对于初学者，对头悬停是异常困难的，因为除了油门以外，其他方向的控制对于操控者的方位感觉来说，跟对尾悬停相比似乎都是相反的。尤其是前后方向的控制，推杆变成了朝向自己飞行，而拉杆才是远离。初学者如果不适应，是非常危险的。

(3) 侧位悬停：飞行器升空后，相对于操控者而言，机头向左(左侧位)或向右(右侧位)，完成定点悬停。侧位悬停能够极大地增强操控者对飞行器姿态的判断感觉，尤其是远近的距离感。

(4) 小航线飞行：飞行器升空后，使用方向舵进行转弯，不用或尽量少用副翼转弯，顺时针/逆时针完成一个闭合运动场型航线。小航线飞行是 4 位悬停(对尾、两个侧位、对头)过关后首先应进行的科目，这是所有航线飞行的基础。

(5) 8 字航线飞行：飞行器升空后，使用方向舵进行转弯，不用或尽量少用副翼转弯，在水平方向上，顺时针/逆时针完成一个 8 字航线。标准的 8 字航线飞行为：左右圈飞行半径一致，8 字交叉点在操控者正前方，整个航线飞行中飞行高度一致、速度一致。

4．模拟器练习与现实操作的差异

很多人都会有这样的感觉，模拟器就是在电脑上玩飞行游戏，找不到在真实世界里面驰骋翱翔的感觉。这其实是一种误解，通过模拟器练习可以显著降低炸机成本，提高训练效率。因为模拟器的飞行特点在于能够快速重启反复练习，而实际飞行中，摔机一次基本上就得中止飞行，进行飞行器的修复工作。

模拟器练习与现实操作的差异表现为：在电脑的模拟环境中，所有的操作和环境都是量化的，也是固定不变的。然而在实际操作中，空气的密度、气压、风向、风速还有其他环境因素都是在时刻变化着的。

7.3　多旋翼飞行器相关安全信息

在多旋翼飞行器迅猛发展的大背景下，其安全问题也成为公众关注的焦点。国内曾经发生过无人机违规飞行对民航客机产生影响的事件，也发生过无人机危及地面人员生命财产安全的事件。在此背景下，民航局陆续颁布了一系列文件来规范管理无人机的审定与运营工作，以保障航空安全。因此在完成多旋翼飞行器的装配、调试后，还需要了解一些关于飞行的规章和安全方面的信息。

7.3.1　航空空域的划分

空域是国家资源，事关国家主权，受到军队的严密控制、保护和管理。和平时期，为了保证飞行安全及提高运行效率，航空器运行的空间被划分为各类空域，用以规范航空器的运行行为及相应的空中交通服务。空域管理与使用是面向公众的公共服务，以保障空域得到合理、充分和有效的利用。

1．民用航空空域划分

根据我国 2004 年发布的《民用航空使用空域办法》，民用航空空域划分为以下几类。

(1) 飞行情报区。飞行情报区是为了提供飞行情报服务和告警服务而划定范围的空间。全国共划分为沈阳、北京、上海、昆明、广州、武汉、兰州、乌鲁木齐、三亚、香港和台北 11 个飞行情报区。

(2) 管制空域。管制空域是一个划定的空间，在其中飞行的航空器要接受空中交通管制服务。根据所划空域内的航路结构和通信导航气象监视能力，我国将管制空域分为 A、B、C、D 四类。

① A 类空域：A 类空域为高空管制空域，在我国境内 6600 米(含)以上直至巡航高度层上限的空间划分为若干高空管制空域。A 类空域只允许 IFR(Instrument Flight Rules，仪表飞行规则)飞行，并对所有在其中飞行的航空器提供空中交通管制服务。

② B 类空域：B 类空域为中低空管制空域。在我国境内 6600 米(不含)以下最低高度层以上的空间划分为若干中低空管制空域。B 类空域接受 IFR 飞行和 VFR(Visual Flight Rules，目视飞行规则)飞行，并对在其中飞行的航空器提供空中交通管制服务。

③ C 类空域：C 类空域为进近管制空域。通常是设置在机场附近，便于进场和离场航空器飞行的管制空域，其垂直范围在 6000 米(含)以下、最低高度以上，水平范围为以机场基准点为中心、半径 50 千米的空间。C 类空域接受 IFR 飞行和 VFR 飞行，并对所有在其中飞行的航空器提供空中交通管制服务。

④ D 类空域：D 类空域为塔台管制空域，通常包括起落航线、第一等待高度层及其以下地球表面以上的空间和机场机动区。D 类空域接受 IFR 飞行和 VFR 飞行，并对所有在其中飞行的航空器提供空中交通管制服务。D 类空域的空中交通管制服务由塔台管制室负责。

(3) 禁区。禁区是禁止航空器飞行的一个划定范围的空域。禁区的设置通常是为了保护重要的国家设施、工业集团(避免由于航空器事故引起灾难性的后果，如核电站、敏感的化工集团)或者是关系到国家安全保卫的特别敏感的设施。

(4) 限制区。限制区是在一个国家的陆地或领海上空根据某些规定条件限制航空器飞行的一个划定范围的空域，如飞行空域、炮射区、靶场等。

(5) 危险区。危险区是一个划定范围的空域，在规定的时间内，此空域中可能存在对飞行有危险的活动。危险区不仅可以在主权空域内设置，也可以在公海上空等非主权空域内设置，但应公布时间和高度范围，以及设置危险区的原因。

(6) 航路。在我国，航路的宽度(即航路保护区的宽度)为航路中心线两侧各 10 千米。

(7) 航线。满足定期航班需求而尚未建立航路的航线称为固定航线；由于临时性的航空运输或通用航空飞行的需要在航路和固定航线之外飞行的航线称为临时航线。航线导航设备不能保证航空器进行 IFR 飞行时，应进行 VFR 飞行。

2. 低空空域划分

民用航空飞行高度一般在 6000 米以上。低空空域指的是 1000 米以下的飞行区域。我国已经开放低空空域，给广大老百姓的私人飞行器(包括有人驾驶和无人驾驶的飞行器)使用，以发展繁荣我国的航空业。低空空域划分为管制空域、监视空域、报告空域三类，其准入条件如下。

(1) 管制空域的准入条件为：飞行计划获得许可；航空器配备甚高频通信设备、高精度高度表、二次雷达应答机和广播式自动相关监视设备(ADS-B)；无线电保持持续双向畅通；民用航空器驾驶员实施目视飞行最低应持有私人执照或运动执照、学生执照，实施仪表飞行最低应持有私人执照。

(2) 监视空域的准入条件为：飞行计划已报备；航空器配备甚高频通信设备和广播式自动相关监视设备；无线电保持持续双向畅通；民用航空器驾驶员最低应持有运动执照或学生执照；空域内飞行航空器空速不大于 450 千米/小时。

(3) 报告空域的准入条件为：飞行计划已报备；民用航空器驾驶员最低应持有运动执照或学生执照；空域内飞行航空器空速不大于 450 千米/小时。

3. 无人机飞行空域划分和分类管理

1) 无人机飞行空域划分

无人机飞行空域划分方法如下。

(1) 融合空域：是指有其他有人驾驶航空器同时运行的空域。

(2) 隔离空域：专门分配给无人机运行的空域，通过限制其他航空器的进入以规避碰撞风险。

(3) 人口稠密区：是指城镇、乡村、繁忙道路或大型露天集会场所等区域。

(4) 重点地区：是指军事重地、核电站和行政中心等关乎国家安全的区域及周边，或地方政府临时划设的区域。

(5) 机场净空区：也称机场净空保护区域，是指为保护航空器起飞、飞行和降落安全，根据民用机场净空障碍物限制图要求划定的空间范围。

2) 无人机飞行管理的分类

民用无人机划分为 7 类，除了按重量，将空机重量≤116 kg 和起飞全重≤150 kg 的无人机分为 4 类以外，还设定植保类无人机为 V 类无人机，无人飞艇为 VI 类无人机，100 米之外超视距运行的 I、II 类无人机为 VII 类无人机。

3) 无须证照管理的无人机

无须证照管理的无人机有以下两种：

(1) I 类无人机(空机重量和起飞全重小于 1.5 kg)。

(2) 在室内、拦网内等隔离空间运行的无人机。

4) 无人机飞行管理的要求

(1) 无人机云系统(简称无人机云)：是指轻小型民用无人机运行的动态数据库系统，用于向无人机用户提供航行服务、气象服务等，对民用无人机运行数据(包括运营信息、位置、高度和速度等)进行实时监测。接入系统的无人机应即时上传飞行数据，无人机云系统对侵入电子围栏的无人机具有报警功能。

(2) 电子围栏：是指为阻挡即将侵入特定区域的航空器，在相应电子地理范围中画出特定区域，并配合飞行控制系统，保障区域安全的软硬件系统。

(3) 主动反馈系统：是指运营人主动将航空器的运行信息发送给监视系统。

(4) 被动反馈系统：是指航空器被雷达、ADS-B 系统、北斗等手段从地面进行监视的系统，该反馈信息不经过运营人。

(5) 民用无人机驾驶员资格要求：民用无人机驾驶员应当根据其所驾驶的民用无人机的等级分类，符合《民用无人驾驶航空器系统驾驶员管理暂行规定》中关于执照、合格证、等级、训练、考试、检查和航空经历等方面的要求。

(6) 禁止酒驾：民用无人机驾驶员在饮用任何含酒精的液体之后的 8 小时之内或处于酒精作用之下或者受到任何药物影响及其工作能力对飞行安全造成影响的情况下，不得驾驶无人机。

(7) 控制能力要求：驾驶员应当能够随时控制无人机。对于使用自主模式的无人机，无人机驾驶员必须能够随时操控。

7.3.2　多旋翼飞行器飞行相关的法律问题

1．空域限制的法律问题

国家领空事关主权，因此，国家对于空域管制是非常严格的，并进行统一管理。根据《中华人民共和国飞行基本规则》规定，空域通常划分为航路、航线、空中禁区、空中限制区和空中危险区等。国家重要的政治、经济、军事目标上空，可以划设空中禁区；位于航路、航线附近的军事要地，兵器试验场上空和航空兵部队、飞行院校等航空单位的机场飞行空域，可以划设空中限制区；射击场或者发射场等，根据其射向、射高、范围，可以在上空划设空中危险区。同时，军用或民用机场还存在净空保护区域，《通用航空飞行任务审批与管理规定》明确规定"无人驾驶的航空器，不允许在国家重要目标和国家重大活动场所上空从事通用航空飞行"。另外，除了平面空域限制外，在垂直空域内，民用多旋翼飞行器的飞行高度也存在一定限制，应尽可能避免遥控飞机进入过高空域。在空域限制区域，任何航空器，包括民用多旋翼飞行器的起降飞行都会受到严格的禁止或限制，若有违反则需要承担相应的法律责任。

2．民用多旋翼飞行器适航法律问题

适航管理即民用多旋翼飞行器飞行资质管理。根据民用航空法，航空器及其发动机、螺旋桨和民用航空器上的设备，应当向国务院民用航空主管部门申请领取型号合格证书，并取得适航证书，方可飞行。另外，从事通用航空活动应当具备通用航空经营许可证，例如通用航空中的空中拍照，即指在航空器(包括飞机、直升机、飞艇和多旋翼飞行器等)使用摄像机、照相机等，为影视制作、新闻报道、比赛转播拍摄空中影像资料等飞行活动。根据《非经营性通用航空登记管理规定》，对于超轻型飞行器，包括超轻型民用多旋翼飞行器，不要求其具有国籍登记证和适航证，对航空人员也无执照要求。

《通用航空飞行管制条例》规定，从事通用航空飞行活动的单位、个人在实施飞行前，应当向当地飞行管制部门提出飞行计划申请，按照批准权限，经批准后方可实施。飞行计划申请应当在拟飞行前一天 15 时前提出；飞行管制部门应当在拟飞行前一天 21 时前做出批准或者不予批准的决定，并通知申请人。

3．民用多旋翼飞行器安全责任问题

民用多旋翼飞行器起飞以后脱离地面，翱翔于天空，其有可能对建筑物、构筑物设施设备以及人的生命财产造成危害。我国《侵权责任法》规定"民用航空器造成他人损害的，民用航空器的经营者应当承担侵权责任，但能够证明损害是因受害人故意造成的，不承担责任"，这说明若民用多旋翼飞行器的侵权责任是飞行高度造成的责任，即高度危险责任，一旦发生损害，经营者则应承担赔偿责任，且只有在"受害人故意"这一种情况下才能够

免责，这无疑对民用多旋翼飞行器的安全适航责任提出了非常高的要求。

这就需要民用多旋翼飞行器生产企业和使用人提高安全意识，必须提升民用多旋翼飞行器飞行质量，防止民用多旋翼飞行器坠毁后发生燃烧或飞行过程中发生旋翼伤人等事件。民用多旋翼飞行器一般都要求安装防碰撞装置，即在民用多旋翼飞行器实体四周形成球形保护，设置防撞条。另外，更重要的是应采取安全防范的技术措施，以预防民用多旋翼飞行器被不法分子利用作为暴恐的手段。

4．民用多旋翼飞行器和隐私权问题

2013 年国家测绘地理信息局办公室颁发《关于街景影像地图采集制作活动有关政策问题的批复》，明确规定"编制形成的实景地图，应按照规定送测绘地理信息行政主管部门进行地图审核，经审核批准取得审图号后方可公开使用"。民用多旋翼飞行器基于得天独厚的优势，在信息采集上能力超群，但也会涉及个人或商业隐私问题。很多使用者操纵民用多旋翼飞行器拍摄照片，有意或无意间会侵犯到他人或其他商业主体的个人隐私或商业秘密。因此，民用多旋翼飞行器企业在展开影像服务时，应当同时做好侦测工作，通过技术或人力进行"马赛克"，对人脸、门牌、车牌等进行模糊化处理。

7.3.3　多旋翼飞行器飞行相关法规信息

在新中国成立之初，我国对航空模型的管理，就采用了和国际航空联合会(FAI) 一致的定义和管理标准。这一系列标准对航空模型的最大起飞质量、机翼面积、翼载荷、发动机，以及无线电遥控使用的频段、频点和发射功率等，都做出了明确规定。近年来，随着科技的进步，包括航空模型在内的民用无人机系统获得了很大发展，这些无人机系统的功能越发强大，对无人机系统运行加强管理的必要性越发凸显。

中国民用航空局于 2009 年 6 月 26 日下发了《民用无人机空中交通管理办法》。这是我国第一个关于无人机空中飞行管理的规定，但这份规定较为笼统地要求民用无人机应当依法从事飞行活动，遵守相关法规和规定，即《中华人民共和国民用航空法》《中华人民共和国飞行基本规则》《通用航空飞行管制条例》及民用航空局规章等。而在上述法规和规定中并无关于民用无人机管理的相关条款，因此该管理办法在实际中缺乏可操作性。

2013 年中国民用航空局颁布了《民用无人驾驶航空器系统驾驶员管理暂行规定》，规定"7 千克以下、高度 120 米以下、500 米范围内可视飞行"等标准下的无人机驾驶员无需拿证，该规定中对于驾驶行为没有过多涉及，因此无人机厂商将这个限制内的驾驶行为均理解为"无需报备"，但是否属于"黑飞"(未按规定申报的飞行)就一直存在争议。

近年来无人机的应用越来越广，为了使无人机安全有序地进行飞行，有必要进一步明确相关规定与管理制度，形成一个无人机的"交通法规"。因此，无人机操控者需要了解相关法律法规的内容，这些法律法规有《中华人民共和国劳动法》《中华人民共和国保密法》《民用无人机空中交通管理办法》《关于民用无人机管理有关问题的暂行规定》《中华人民共和国飞行基本规则》《中华人民共和国民用航空法》《中华人民共和国民用航空安全保卫条例》《无人机航摄安全作业基本要求》《民用无人驾驶航空器系统驾驶员管理暂行规定》等。

2015 年 12 月 29 日，中国民用航空局为规范无人机的运行，正式发布了《轻小无人机

运行规定(试行)》。该规定较为详细地给出了我国民用无人机管理的一个基本框架。2016 年 7 月 11 日,中国民用航空局飞行标准司发布《民用无人机驾驶员管理规定》,下面重点介绍《民用无人机驾驶员管理规定》相关内容。

1. 适用范围及无人机分类

《民用无人机驾驶员管理规定》适用于民用无人机系统驾驶人员的资质管理。其涵盖范围包括但不限于: ① 无机载驾驶人员的无人机系统; ② 有机载驾驶人员的航空器,但该航空器可同时由外部的无人机驾驶员实施完全飞行控制。

《民用无人机驾驶员管理规定》将无人机进行了 7 个类别的划分(包括无人飞艇),其中, Ⅰ～Ⅳ类是按照飞行器质量进行的划分,具体分类方法如表 7-1 所示。

表 7-1　无人机分类

分类	空机重量/kg	起飞全重/kg
Ⅰ	0<W<1.5	
Ⅱ	1.5 < W ≤ 4	1.5 < W≤7
Ⅲ	4 < W≤15	7 < W≤25
Ⅳ	15 < W≤116	25 < W≤150
Ⅴ	植保类无人机	
Ⅵ	无人飞艇	
Ⅶ	超视距运行的Ⅰ、Ⅱ类无人机	
Ⅷ	116< W≤5700	150 < W≤5700
Ⅸ	W > 5700	

2. 相关名词的定义

(1) 无人机(Unmanned Aircraft,UA),是由控制站管理(包括远程操纵或自主飞行)的航空器,也称远程驾驶航空器(Remotely Piloted Aircraft,RPA)。

(2) 无人机系统(Unmanned Aircraft System,UAS),也称远程驾驶航空器系统(Remotely Piloted Aircraft Systems,RPAS),是指由无人机、相关的控制站、所需的指令与控制数据链路以及批准的型号设计规定的任何其他部件组成的系统。

(3) 无人机系统驾驶员,是指由运营人指派对无人机的运行负有必不可少职责并在飞行期间适时操纵无人机的人。

(4) 无人机系统的机长,是指在系统运行时间内负责整个无人机系统运行和安全的驾驶员。

(5) 无人机观测员,是指由运营人指定的训练有素的人员,通过目视观测无人机,协助无人机驾驶员安全实施飞行,通常由运营人管理,无证照要求。

(6) 运营人,是指从事或拟从事航空器运营的个人、组织或企业。

(7) 控制站(也称遥控站、地面站),无人机系统的组成部分,包括用于操纵无人机的设备。

(8) 指令与控制数据链路(Commandand Control datalink,C2),是指无人机和控制站之间以飞行管理为目的的数据链接。

(9) 感知与避让,是指看见、察觉或发现交通冲突或其他危险并采取适当行动的能力。

(10) 无人机感知与避让系统，是指无人机机载安装的一种设备，用以确保无人机与其他航空器保持一定的安全飞行间隔，相当于载人航空器的防撞系统。在融合空域中运行的 XI、XII 类无人机应安装此种系统。

(11) 视距内(Visual Line of Sight，VLOS)运行，指无人机在驾驶员或观测员与无人机保持直接目视视觉接触的范围内运行，该范围为目视视距内半径不大于 500 米，人、机相对高度不大于 120 米。

(12) 超视距(Beyond VLOS，BVLOS)运行，指无人机在目视视距以外的运行。

(13) 扩展视距(Extended VLOS，EVLOS)运行，指无人机在目视视距以外运行，但驾驶员或者观测员借助视觉延展装置操作无人机，属于超视距运行的一种。

(14) 融合空域，是指有其他有人驾驶航空器同时运行的空域。

(15) 隔离空域，是指专门分配给无人机系统运行的空域，通过限制其他航空器的进入以规避碰撞风险。

(16) 人口稠密区，是指城镇、乡村、繁忙道路或大型露天集会场所等区域。

(17) 空机重量，是指不包含载荷和燃料的无人机重量，该重量包含燃料容器和电池等固体装置。

(18) 无人机云系统(简称无人机云)，是指轻小民用无人机运行动态数据库系统，用于向无人机用户提供航行服务、气象服务等，对民用无人机运行数据(包括运营信息、位置、高度和速度等)进行实时监测。接入系统的无人机应即时上传飞行数据，无人机云系统对侵入电子围栏的无人机具有报警功能。

3. 管理机构

无人机系统分类较多，适用空域远比有人驾驶航空器广阔，因此有必要对无人机系统驾驶员实施分类管理。

(1) 下列情况下，无人机系统驾驶员，无须证照管理：

A. 在室内运行的无人机；

B. I、II 类无人机(如运行需要，驾驶员可在无人机云系统进行备案。备案内容应包括驾驶员真实身份信息、所使用的无人机型号，并通过在线法规测试)；

C. 在人烟稀少、空旷的非人口稠密区进行试验的无人机。

(2) 下列情况下，无人机驾驶员由行业协会实施管理，局方飞行标准部门可以实施监督：

A. 在隔离空域内运行的除 I、II 类以外的无人机；

B. 在融合空域内运行的 III、IV、V、VI、VII 类无人机。

(3) 在融合空域运行的 XI、XII 类无人机，其驾驶员由局方实施管理。

4. 行业协会对无人机系统驾驶员的管理

实施无人机系统驾驶员管理的行业协会须具备以下条件：

A. 正式注册五年以上的全国性行业协会，并具有行业相关性；

B. 设立了专门的无人机管理机构；

C. 建立了可发展完善的理论知识评估方法，可以测评无人机系统驾驶人员的理论水平；

D. 建立了可发展完善的安全操作技能评估方法，可以评估无人机系统驾驶人员的操控、指挥和管理技能；

E. 建立了驾驶员考试体系和标准化考试流程，可实现驾驶员训练、考试全流程电子化实时监测；

F. 建立了驾驶员管理体系，可以统计和管理驾驶员在持证期间的运行和培训的飞行经历、违章处罚等记录；

G. 已经在民航局备案。

5. 局方对无人机系统驾驶员的管理

1) 执照要求

A. 在融合空域 3000 米以下运行的XI类无人机驾驶员，应至少持有运动或私用驾驶员执照，并带有相似的类别等级(如适用)；

B. 在融合空域 3000 米以上运行的XI类无人机驾驶员，应至少持有带有飞机或直升机等级的商用驾驶员执照；

C. 在融合空域运行的XII类无人机驾驶员，应至少持有带有飞机或直升机等级的商用驾驶员执照和仪表等级；

D. 在融合空域运行的XII类无人机机长，应至少持有航线运输驾驶员执照。

2) 签注信息

对于完成训练并考试合格人员，在其驾驶员执照上签注如下信息：

A. 无人机型号；

B. 无人机类型；

C. 职位，包括机长、副驾驶。

3) 熟练检查

驾驶员应对每个签注的无人机类型接受熟练检查，该检查每 12 个月进行一次。检查由局方可接受的人员实施。

4) 体检合格证

持有驾驶员执照的无人机驾驶员必须持有按中国民用航空规章《民用航空人员体检合格证管理规则》(CCAR-67FS)颁发的有效体检合格证，并且在行使驾驶员执照权利时随身携带该合格证。

5) 航空知识要求

申请人必须接受并记录培训机构工作人员提供的地面训练，完成下列与所申请无人机系统等级相应的地面训练课程并通过理论考试。

A. 航空法规以及机场周边飞行、防撞、无线电通信、夜间运行、高空运行等知识；

B. 气象学，包括识别临界天气状况，获得气象资料的程序以及航空天气报告和预报的使用；

C. 航空器空气动力学基础和飞行原理；

D. 无人机主要系统，导航、飞控、动力、链路、电气等知识；

E. 无人机系统通用应急操作程序；

F. 所使用的无人机系统特性，包括以下两点：

(1) 起飞和着陆要求。

(2) 性能，具体包括如下内容。

i) 飞行速度；

ii) 典型和最大爬升率；

iii) 典型和最大下降率；

iv) 典型和最大转弯率；

v) 其他有关性能数据(例如风、结冰、降水限制)；

vi) 航空器最大续航能力。

(3) 通信、导航和监视功能。

i) 航空安全通信频率和设备，包括：

a. 空中交通管制通信，包括任何备用的通信手段；

b. 指令与控制数据链路(C2)，包括性能参数和指定的工作覆盖范围；

c. 无人机驾驶员和无人机观测员之间的通讯，如适用；

ii) 导航设备；

iii) 监视设备(如 SSR 应答，ADS-B 发出)；

iv) 发现与避让能力；

v) 通信紧急程序，包括：

a. ATC 通信故障；

b. 指令与控制数据链路故障；

c. 无人机驾驶员/无人机观测员通讯故障，如适用；

vi) 控制站的数量和位置以及控制站之间的交接程序，如适用。

6) 飞行技能与经历要求

申请人必须至少在下列操作上接受并记录了培训机构提供的针对所申请无人机系统等级的实际操纵飞行或模拟飞行训练。

A. 对于机长：

(1) 空域申请与空管通讯，不少于 4 小时；

(2) 航线规划，不少于 4 小时；

(3) 系统检查程序，不少于 4 小时；

(4) 正常飞行程序指挥，不少于 20 小时；

(5) 应急飞行程序指挥(包括规避航空器、发动机故障、链路丢失、应急回收、迫降等)，不少于 20 小时；

(6) 任务执行指挥，不少于 4 小时。

B. 对于驾驶员：

(1) 飞行前检查，不少于 4 小时；

(2) 正常飞行程序操作，不少于 20 小时；

(3) 应急飞行程序操作(包括发动机故障、链路丢失、应急回收、迫降等)，不少于 20 小时。

上述 A 款内容不包含 B 款所要求内容。

7) 飞行技能考试

A. 考试员应由局方认可的人员担任；

B. 用于考核的无人机系统由执照申请人提供；

C. 考试中除对上述训练内容进行操作考核，还应对下列内容进行充分口试：

(1) 所使用的无人机系统特性；

(2) 所使用的无人机系统正常操作程序；

(3) 所使用的无人机系统应急操作程序。

参 考 文 献

[1]　昂海松，周建江，曹云峰，等. 微型飞行器系统技术. 北京：科学出版社，2013.

[2]　(英)埃利奥特. 无人机玩家 DIY 指南. 北京：人民邮电出版社，2016.

[3]　权军. 无人机操控师·四级. 北京：中国劳动社会保障出版社，2015.

[4]　吕涛. 遥控模型飞机入门新编. 北京：航空工业出版社，2016.

[5]　(法)乔巴尔. 玩转无人机. 北京：人民邮电出版社，2015.

[6]　(美)贝克托. 无人机 DIY. 北京：人民邮电出版社，2016.

[7]　黄和悦. DIY 四轴飞行器：基于 MSP430F5 系列单片机与 Android. 北京：电子工业出版社，2015.

[8]　吴勇，罗国富，刘旭辉，等. 四轴飞行器 DIY：基于 STM32 微控制器. 北京：北京航空航天大学出版社，2016.

[9]　鲍凯. 玩转四轴飞行器. 北京：清华大学出版社，2015.

[10]　张宇雄. 电动模型飞机动力系统配置. 北京：北京航空航天大学出版社，2015.

[11]　赵云超，郑宇. 无人机入门宝典. 济南：山东人民出版社，2017.

[12]　崔胜民. 轻松玩转多旋翼无人机. 北京：化学工业出版社，2017.

[13]　符长青，曹兵. 多旋翼无人机技术基础. 北京：清华大学出版社，2017.

[14]　曾庆华，郭振云. 无人飞行控制技术与工程. 北京：国防工业出版社，2011.

[15]　孙海，吴限德，郭峰. 空中机器人(四旋翼)专项教育教材. 哈尔滨：哈尔滨工程大学出版社，2013.

[16]　余旭东. 飞行器结构动力学. 西安：西北工业大学出版社，2012.